格局的力量

AS A MAN THINKETH

［英］詹姆斯·艾伦（James Allen）◎著

于华◎译

中国友谊出版公司

图书在版编目（CIP）数据

格局的力量 /（英）詹姆斯·艾伦著；于华译 . ——
北京：中国友谊出版公司，2020.6

书名原文：As a Man Thinketh

ISBN 978-7-5057-4886-6

Ⅰ . ①格… Ⅱ . ①詹… ②于… Ⅲ . ①成功心理－通
俗读物 Ⅳ . ① B848.4-49

中国版本图书馆 CIP 数据核字 (2020) 第 044613 号

书名	格局的力量
作者	[英]詹姆斯·艾伦
译者	于 华
出版	中国友谊出版公司
发行	中国友谊出版公司
经销	新华书店
印刷	天津中印联印务有限公司
规格	880×1230 毫米　32 开
	7 印张　100 千字
版次	2020 年 6 月第 1 版
印次	2020 年 6 月第 1 次印刷
书号	ISBN 978-7-5057-4886-6
定价	45.00 元
地址	北京市朝阳区西坝河南里 17 号楼
邮编	100028
电话	(010) 64678009

前　言

美国最伟大的成功学大师之一拿破仑·希尔认为：跟这个世界上的任何一个人一样，你究竟是谁，只取决于两方面的因素——遗传与环境。

每个人的生理特质很大程度上取决于家族和父母的遗传，这些特质基本上是很难改变的。但是，人们身上那些受周遭环境的影响而形成的特质，则可以通过自己有意识的改造而有所变化。

也许每个人都有这样的经历：自己身边的有些人看似不费吹灰之力就能获得权力、财富和成功，而有些人却要经历重重困难，才能取得一点小成就；有些人认为抱负、渴望和梦想与自己遥不可及，而有些人总是能充满斗志，朝着自己的目标前进。为什么？因为思想和心智是创造力的源泉，是决定一个人成功与否的关键。

在每个人的人格形成过程中，家庭教育、学校教育和自身教育发挥着重要甚至无可替代的作用。前两者毋庸多言，读者自可领会。而自身教育，主要包括个人所阅读的书籍。人的思想仿佛一片肥沃的土壤，播下什么样的种子，就会收获什么样的果实。而书籍，无疑就是种子，是每个人心智发展的必要条件。

《格局的力量》是英国"人生哲学之父"詹姆士·艾伦的成名作，百年来为无数的人照亮了前路，改变了他们的命运。詹姆士·艾伦本人就是一个传奇，出生于英格兰富商家庭的他，由于家道中途败落，不得不在 15 岁时辍学回家。38 岁时，他毅然辞去了工作，和妻子一起搬到英格兰西南沿海的小农庄。48 岁时，詹姆士·艾伦突然神秘地离开了人世，成为文学史上的一个不解之谜。直至死后，其天赋和才智才被人发掘。詹姆士·艾伦的作品奠定了整个西方成功学的基础，极大地影响了包括戴尔·卡耐基和拿破仑·希尔等在内的成功学大师。

我们生活在一个千变万化的时代，每个人都渴望成功，周遭也的确遍布机遇，但又有多少人愿意通过奋斗将机遇转化为真实的成功呢？恐怕很多人想的都是坐享其成、一夜成名。浮躁和急功近利是很多现代人的通病，希望詹姆士·艾伦这本睿智的小书能助你理清思路，朝着既定目标前进。

目　录

第三章　格局提升境界

Chapter 3

思想
造就格局 第一章

一个人的思想决定一个人的格局

"心之所想，造就其人。"这句格言清楚地说明了思想在人的生活中所起的关键作用。想做什么样的人，完全由自己的思想决定，而性格就是人所有思想的集合。

如同植物的生长离不开种子一样，人类的一切行为皆源于自己内心深处的思想，没有这些思想就不可能出现各种行为。而对于那些"下意识产生"或"未经深思熟虑"的行为，一定要谨慎对待。

人类的行为是思想的花朵，而快乐或悲伤则是行为的果实，就如同"种瓜得瓜，种豆得豆"这句谚语所说，播种什么样的思想，就会获得什么样的结果。

　　一切事物的成长发展都有规律可循，人也不例外。高尚的情操和品德不是上天的恩惠或是某一个人独有的天分，而是在正确的思想指导下，通过不懈努力而形成的。同样的道理，卑鄙野蛮的思想长期累积就会形成卑鄙和低贱的品格。

人或成功，或失败，皆由自己而定。思想如同工具，一个人可以利用工具来制造武器，既伤害别人又伤害自己；也可以利用工具来创造发明，既造福社会又便利自己。只有树立正确的思想，并让其发挥作用，人才能一步步地创造出一个理想、美好、和谐的世界。

除了"错误"和"正确"的思想之外，在这两种极端之间还存在着许多不同层级的品格，它们也都是由人自己选择、决定的。

在这个时代里，人们正致力于探索心灵的奥秘。人是思想的主人，是性格的塑造者，是条件、环境和命运的创造者——可能其他任何真理都没有这一点更让人喜悦和自信的了。

人可以通过努力得到权力、智慧和爱。无论在怎样的情况下，人都是自己思想的主人，可以控制并转化任何不良情绪和不利因素，塑造自己的思想和意志。

即使在最虚弱、最散漫的状态下，人也可以用正确的思想主导自己。但如果一个人不注重思考，就可能陷入不明智甚至愚蠢的思想之中，甚至无法自拔。不过，人一旦开始仔细思考，并坚持不懈地寻找事物的本质规律，正确地看待自己，就会从堕落中走出来，明智地处理任何问题，进而智慧行事，收获人生中的累累硕果。想要让自己永远意识清醒，做最真实的自己，人就必须认识自己内在的思想规律。认识的过程，就是一个人不断自我剖析和体验生活的过程。

> 只有树立正确的思想，并让其发挥作用，人才能一步步地创造出一个理想、美好、和谐的世界。

想要得到黄金和钻石，人们必须进行多方位的寻找和开采。同理，只有深入挖掘心灵的宝库，才能提炼出存在于世间的深刻真理。人是自身性格的缔造者、生活的铸造者和命运的建设者。如果一个人愿意观察自己的行为举止，愿意控制自己并不断调整自己的思想，再通过实践和调查，从与人交往中获得经验并不断努力调整自己的思想，那最终就能获得智慧、力量和他人理解。"努力寻找真理,定能打开真理之门。"只要有毅力、恒心,并不懈地奋进,人就能登上真理的殿堂。

愚昧的人抱怨环境，聪明的人提升自己

　　人的思想好比花园，需要悉心培育，不经打理的花园会如同野地一般杂乱不堪。不论你种下的种子是有益的还是有害的，一旦种下，它们都会生根发芽。有的人未曾为

自己思想的花园播下种子，这会发生什么情况呢？结果是显而易见的——野草将会悄无声息地占满整个花园。

园丁们总会管好自己的小花园，经常除草，种植些花卉和水果等自己想要的东西，等到时机成熟，

> 人的思想好比花园，需要悉心培育，不经打理的花园会如同野地一般杂乱不堪。

才能看到鲜花怒放和硕果累累。我们可以像园丁一样来管理自己思想的花园，去除所有错误的、无用的、不纯正的思想，种下正确的、有用的、纯正的思想。努力实现这样的目标的同时，一个人迟早会明白自己是心灵花园的园丁，是自己人生的导演。当然，在这个过程中，他能看到自己的思想缺陷，也能够逐渐清楚地认识到思想的力量对于人的品格、生存环境和命运的作用。

思想与品格互为一体。人的品格只有在环境中才能得以体现，而一个人生活的外部条件总会和他的内在状态密切相关。这并不是说在某种特定环境下表现出的品格就是一

个人的全部品格，而是这种特定环境和人本身的一些重要的思想有密切联系，这也是人向前发展不可或缺的。

每个人都有自己的特质。在生活中逐步形成的品格决定了一个人的生活。在生命的整个历程中，其实并不存在偶然的机会，因为凡事遵循因果，所谓"偶然的机会"也是由一个人内在的特质引发出来的。在面对糟糕的环境时，如果一个人总是抱怨，那么他的处境就会越来越差，总也遇不到改变的机会；相反，如果一个人懂得机会是自己创造的这个道理，他便懂得迎难而上、创造条件，最终发现机遇。

一个不断追求进步的人，如果明确了自己的发展方向，就会沿此方向发展并很快达到目标。当人在一种特定环境下历练到相对成熟的时候，接下来会去适应另外的环境，进而再次得到精神的洗礼，如此循环，人便走向成熟。

人的成长毫无疑问会受到外界环境的影响，但人是有创造力的生物，一旦认识到这一点，人就能够不受外界环境的干扰，掌握自己的命运，成为自己真正的主人。

环境是思想的产物，它无时无刻不在让人学会自制并且不断净化心灵。人越成长，越能发现生存环境的变化和自己的思想成长相吻合。事实上，如果一个人能够悉心纠正性格中的缺陷，不断进步，就能在岁月的沧桑变迁中永远立于不败之地。

心灵的神奇之处在于它的吸引力法则，你的心停驻在什么地方，就会吸引什么样的人、事、物。如果你心中有爱，你就会遇见你的爱人。如果你心怀担忧，担忧的事就会层出不穷。不论是满怀激情的憧憬还是秘而不宣的渴望，但凡心有所想，必能吸引相应的人、事、物。因此，外界环境只不过是心理状态的外显而已，你的心灵决定了你的处境。

同样，外部环境也会慢慢影响一个人的内心世界，或好或坏的外部环境是个体成长的条件。在这样的相互影响中，人便走出了命运的足迹。

内心的期盼、愿望和思想支配着人们的行动（有可能是追求不切实际的幻觉，有可能是详细规划的理想），最终，人们会在人生境遇中收获因精神思想而收获的结果，随着思想的调整，人们的命运也会改变。

假设一个人要靠接受救济度日或锒铛入狱，这并非命运的安排或生存环境影响的结果。一个思想高尚纯洁的人，不会因为任何突如其来的外部压力而去犯罪；而一个犯罪的人，必定是犯罪的思想酝酿已久，才在特定情况下爆发出来。

环境创造不了人，它只是给人提供展示自己、证明自己的平台。没有哪个环境本身就包含着邪恶和痛苦；也没有哪个环境本身就能培养高尚的情操，让人感到幸福。痛苦还是幸福，完全依赖于人长期对于自己思想德行的培养。人是自己思想的主人，我们可以塑造自己，创造环境。即使我们沾染了不良的习气，仍然可以通过后天的努力改变，去除弱点和缺点，从而得到救赎和升华。

在成长过程中，人要经历各种事情，不可能是一帆风顺的。困难和挫折在所难免，各种思想也会对我们造成冲击。但无论如何，人都可以约束自己，掌控自己。

如果卑鄙无耻、作恶多端，人就必定成为狱卒。思想纯洁、高尚，处处为社会做贡献，人就一定能受到世人赞赏，成为高尚的人。

最终一个人得到的，不是他通过希望和祈祷得来的，而是他通过努力获得的。他的希望和祈求只有在思想和行动完全协调时，才能帮他加速实现梦寐以求的目标。

　　有的人可能会存在疑问，既然思想是影响环境的重要因素，"和环境抗争"又怎样解释呢？其实，它是指一个人坚持不懈地同已经形成的环境结果做斗争，从而滋养和保护自己心中的动机的过程。

　　不管动机是意识层面中的"恶"还是某种尚未意识到的"不良"，都会是人成长过程中的障碍，都须要被及时地补救修正。

人总是急于改善环境，而不愿意提高自己，所以，发展才会受限制。如果一个人不能随时进行自我调整，就永远无法实现任何目标。即使一个人的目标只是拥有健康，那也需要适时调整自己，适当牺牲自己的某些偏好。

有一个穷困潦倒的人非常渴望能改善周围环境和生活条件，但他总是投机取巧，尽量逃避工作，因为他想当然地认为自己的努力与微不足道的工资相比已经绰绰有余。但他根本不懂得这个基本的生存法则：只有不屈从于任何让自己穷困潦倒的环境，才能努力挣脱并崛起；而不是在这样的环境里越陷越深，不能自拔，最后成为一个懒惰、自欺欺人、怯懦的人。

还有个富人，因为喜欢暴饮暴食，最终百病缠身。他愿意出一大笔钱改善身体，换来健康。但他就是改不了贪吃的习惯，既想暴饮暴食，又想拥有健康。这样的人完全不配拥有健康，因为他还没有明白，他的想法和行为完全是背道而驰的。

有一个老板，通过用欺诈的方式避免支付工人应该得到的工资，而且时刻希望通过降低工人的工资来获取更大的利润，这样的人也不配拥有财富。当他破产时，他发现自己名利皆空。面对这样的结果，他开始抱怨时运不济，殊不知自己才是此结果的始作俑者。

我列举以上三个人的例子只是想说明这样一个事实：任何一个结果，都是人自己造成的（尽管几乎是无意识的）。即便你有一个非常好的愿望，如果你的思想是低劣的，行为是具有破坏性的，愿望也不可能达成，因为这些思想和行为不可能与这美好的愿望协调一致。人们如果以此为戒，不断培养与自己的目标相一致的思想和行为，那么外界环境就不会成为失败的借口了。

然而，环境错综复杂，思想根深蒂固，所以幸福与否皆因人而异。判断一个人内心深处的整体状况，不可能仅靠外部环境。

有些人诚实守信，但可能遭受穷困；有些人虚伪狡诈，但可能获得财富。所以，人们很容易粗浅地得到这样一个结论：不诚实的人善于坑蒙拐骗，所以能够拥有财富；而诚实的人往往品德高尚纯洁，所以穷困潦倒。但当我们更深层次、更广义地来理解这个问题，却能够发现不同的结论：不诚实的人也许有某些别人不具备的可贵品质，而诚实的人也可能有某些别人没有的邪恶的思想。诚实的人因为诚实的思想和行为收获好的结果，也会因为自己的某些邪恶的思想而遭受痛苦；而不诚实的人也以同样的方式享受着属于自己的幸福，遭受着自己带来的痛苦。

拥有了这些知识，人就会知道，过去的生活总是公正、井然有序的。过去的经验，不论是好是坏，都是一个人尚未达到完美境界的自我，在发展过程中面对的客观外部环境的觉悟。

好的思想和行为绝对不会产生恶果，而坏的思想和行为也绝对不会产生好的结果，正所谓"种瓜得瓜，种豆得豆"。人们都了解自然世界这个规律，并时刻遵照它去办事。然而却很少有人能够理解它在精神和道德意义上的含义，所以也就无法真正遵从这个自然规律。

困苦往往是某个特定时刻错误思想导致的结果。它反映出一个人已经和自己的本心脱离，

> 好的思想和行为绝对不会产生恶果，而坏的思想和行为也绝对不会产生好的结果。

也和其在自然中的生存法则相脱离。摆脱困境最好的方法是摒弃思想中没用和不纯的思想。思想纯洁的人会远离困苦，就好比黄金，再被火烧，也只能烧掉外表的污垢和残渣。而至纯至善的人，他们的人生不可能受到伤害。

一个人会遭遇痛苦，是自己的精神跟世间规律不和谐的结果。而一个人会获得幸福，也是自己的精神跟世间万物保持和谐的结果。幸福不是依靠拥有任何物质财富才获得，而是正确思想的结晶。痛苦也不是因为缺乏物质财富

才产生，而是错误思想累积的结果。一个很富有的人，可能只会怨天尤人；而一个贫穷的人，却可能幸福无比。只有适当并智慧地运用财富，财富才能与幸福并肩存在。贫穷的人如果非要把自己所处的环境看作命运的不公，只会陷入真正可怜的境地。

窘困和放纵是两个极端悲惨的境地。但它们也并非自然产物，而是思想紊乱的结果。当一个人拥有幸福、健康和成功时，他才真正找到了自己人生的平衡点，也才真正把自己的内心和外界环境调整到了和谐共存的状态。

一个人只有停止怨天尤人，开始寻找自己生命中内在的平和，在不同环境中适时调节自己的思想，不再认为自己的现状是别人造成的，并力求在高尚的思想中重新树立自我形象，挖掘自身潜在的力量和各种可能，进而取得更快的进步和发展，才能成为一个堂堂正正、顶天立地的人。

规律是宇宙中各种事物运行的主导原则；平等是生命之间的本质关系；善良是塑造精神世界的根本推动力。当人们逐渐认识到这些真理，便离幸福越来越近。

人必须不断调整自己，才能发现世界上万事万物存在的合理性。在这个过程中，人们也会发现，因为自己对于别人的看法改变了，别人对自己的看法也随之改变了。

这一点可以通过每个人的成长经历得以证明，因此，通过自己自我分析和反省，人们便能轻松得到结论。

人们都会认为思想可以独立存在，事实并非如此。在某种思想的指导下，一个人会迅速养成习惯，而习惯渐渐地就变成了生活的真正情境。有纵欲想法的人，可能会有酗酒和嫖娼的陋习，进而他们会把自己弄得疾病缠身、穷困潦倒。各种不健康的思想，若随之任之，最终都会形成某种不良习惯，而这正是人会处于某种困境的直接原因。

一个人如果长期抱有恐惧、怀疑和优柔寡断的思想，就很容易变得软弱、怯懦，进而形成拖延、固步自封的习惯，长此以往，就会发现自己的生活变得失败、贫穷甚至受人摆布。一个人如果长期抱有懒惰的思想，就很容易变得好吃懒做或不诚实，进而形成习惯，甚至可能发展到只能靠乞讨度日。而心怀怨恨和经常谴责别人的人，则容易养成斤斤计较和行事暴力的习惯，进而可能会伤害或迫害他人……

与之相反，各种美好的思想都会让人变得优雅、善良，拥有这些思想的人慢慢会成为让别人感到亲切、愉快的人。思想纯洁的人，懂得节制和自制，这样的习惯会让人达到宁静、平和的人生境界。思想勇敢坚定的人，会养成果断的习惯，也必定会走向成功，生活得自由而幸福。

许多或高尚或卑劣的思想，都会对人的品质和人生境遇产生影响。一个人尽管无法选择自己的出身环境，但可以选择自己的思想。换言之，人可以通过改变思想来改变自己所处的环境。

当下的环境都能够给人提供各种机会去展现自己或高尚或卑微的思想，任何目标与梦想都会有实现的可能性。

如果一个人能够摒弃罪恶的思想，那么全世界的人都会温和地对待他，心甘情愿地帮助他。如果一个人不再有软弱和病态的思想，所有人都会不失时机地帮助他坚定地面对自己的生活。只要转变思想，命运中的任何艰难困苦都不会让一个人沦落到悲惨的人生境地。世界就是自己手里的万花筒，时时刻刻呈现不同色彩、不同组合，随着思想的不断变化，最终展现出一幅幅精致的画面。

心态如何，状态就如何

　　身体是思想的仆人。无论思想活动是随意还是刻意为之，身体都会跟从。在不安的思想控制下，身体会陷入疾病和衰弱状态；而在愉悦、美好的思想支配下，身体则会

散发出青春美丽的光芒。

与环境对人的影响一样，身体处于疾病还是健康状态，也源于思想。病态的思想会通过体弱多病的身体得以呈现。有句话说，恐惧的思想要杀害一个人就像子弹一样快。尽管现实没有像这句话说得那么夸张，但因为恐惧引发焦虑、暴躁、成瘾、抑郁甚至生理疾病的人已成千上万。因恐惧而身患疾病的人，必定和恐惧一起生活。焦虑在整个身体里快速蔓延，为各种疾病入侵身体打开了大门。而其他不纯洁的思想即使不会像恐惧一样很快损害身心，也会造成或大或小的负面影响。

强大、纯洁和快乐的思想，则会给人的身体注入活力和优雅。身体跟心灵有着非常微妙的联系，身体常常能响应思想或思维习惯。所以，思想和思维习惯无论好坏，都会对身体产生影响。

不洁净的思想只要在身体里传播一天，人的身体里就会继成不洁净的毒素。优雅的生活和洁净的身体，来源于洁净的心灵；污浊不堪的生活和羸弱的身体，来源于不洁净的思想。思想是一个人的行为、生活和在外界形象的内在根源。根源纯净，那一切都会纯净。

改变饮食习惯，并不能改变一个人的思想。但当一个人的思想转变，不愿意再吃任何不健康的食品时，自然就不会再有吃不健康食品的欲望了。

因恐惧而身患疾病的人，必定和恐惧一起生活。焦虑在整个身体里快速蔓延，为各种疾病入侵身体打开了大门。

如果你想拥有完美的身体，那就一定先保护好自己的头脑。要想恢复身体健康，就要美化自己的思想。恶意、嫉妒、失望甚至绝望的思想，都会剥夺身体的健康和活力。一张愁眉不展的脸，永远碰不到发展的机遇。

我认识一位 96 岁的老人，她的脸看起来天真而乐观，像个小女孩。而我认识的另一个远不到中年的男士，总是苦着脸，他看起来比自己的年龄要大得多。前者之所以如此，是因为她开朗、阳光的思想；而后者之所以如此，则是因为他的纵欲和愤世嫉俗。

如果不让新鲜空气和灿烂阳光自由地进入房间，就不会有一个清洁、健康的住所。同理，如果没有快乐、善良和平静的思想，一个人就不会拥有强壮的身体，也不会拥有阳光、愉快和平静的气场。

上了年纪的人脸上会产生由同情心、经验和智慧所刻画出来的皱纹，难道这些岁月的痕迹不能立马就被分辨出

来吗？对于一生正直的人来说，平静、安宁的晚年就像落日一样柔美。最近我拜访了一位在弥留之际的哲学家，他看着比实际年龄要小很多，非常年轻。他一直处于宁静、安详的生活中，直到去世时也从容如往日。

乐观与快乐胜过任何一个心理医生，它能驱散心里的悲痛和哀伤，进而让人拥有健康的体魄。如果一个人处于焦虑、抑郁

> 要想恢复身体健康，就要美化自己的思想。恶意、嫉妒、失望甚至绝望的思想，都会剥夺身体的健康和活力。

的思想状态中，他的生活就会被困在自己创造的牢笼里。而如果一个人对任何事物都满怀热情，愉悦并耐心地去发现任何事物的优点，生活必定灿烂无比。

拥有平和的思想，和周围的一切和谐相处，人就会拥有平和的生活。

没有目标的人，注定一生碌碌无为

当思想能与目标联系在一起时，人才会变得智慧。但大多数人的思想总是漂泊在生活的海洋里。然而，漫无目的是一种恶习，如果想要避免遭遇人生的困难和灾难，就不能让那漫无目的的思想继续。

生活漫无目的的人，很容易被忧虑、恐惧、麻烦和自怜这些负面思想缠绕，进而成为软弱的人。这就如同亲自为自己设下陷阱一样（虽然是通过不自觉的方式），你无法获得成功，最终只能走向人生的失败、不幸和迷茫。

人应该有一个切合实际的目标，然后着手去实现它。这个目标也应该成为自己思想的焦点，这样，人就会有一个精神支柱，当然，目标可能是世俗的或是高雅的，但毕竟它是暂时的，不会对人的品质有影响。之后就应该集中精力把思想放在应该实现的目标上，把实现目标作为现阶段一切事物的重中之重，专心致志、竭尽全力去实现目标。如果一直有目标，人就不会陷入幻想之中而一事无成。这是控制自己的思想和让思想能够集中的好方法。即使一个人一次又一次地失败，无法实现既定目标（只有克服软弱才能通往成功），但他不断磨炼自己的意志，也是成功的一种表现，而且这为他将来的成功打下了基础。

即使你没有宏伟的目标，至少也应该把思想集中在自己应该履行的职责上，无论这种职责多么微不足道。只有这样，你才能让思想集中，不断积累决心和活力，从而变得无坚不摧、无所不能。

最卑微的个体如果知道自己的弱点，并且相信只要通过不断的努力和实践，就能克服任何困难，自己会成为一个强有力的人，那么通过持之以恒的刻苦努力，这样的人也一定能获得最后的成功。

正如身体虚弱的人可以通过持之以恒的细致锻炼变得强壮一样，思想脆弱的人也可以通过树立正确的思想，进而成为思想强大的人。

只要放弃漫无目的的陋习，放弃软弱，开始有目标的生活，让思想锁定目标，就能跻身强者行列。思想强大的人，会把不断的失败作为实现目标的途径，会让一切外部

环境为自己的目标服务，思想坚定而果断，并通过一次次的尝试最终实现目标。

确定了目标之后，应该坚定思想，勾勒出一条通往成功的道路，绝不左顾右盼。怀疑和恐惧往往会导致失败，它们经常会出现在实现目标的道路上。它们会分散人的思想精力，让人走弯路。但只要有强大的思想、坚定的目标和充沛的精力，怀疑和恐惧就一定能被打败，最后退出人的思想。

对一件事情的了解越多，决心就会越大。而怀疑和恐惧便是从不了解中产生的，它会阻挠思想和决心。

一个人战胜了怀疑和恐惧，就战胜了失败。思想和力量结合在一起，就能克服任何困难。在适合的季节种下目标的种子，只要没有提前凋谢，便会在收获的季节看到累累硕果。

和目标联系在一起的思想，会成为极有创造力的力量。认识到了这一点，人们就可能变成更强大的思想者，而不是随波逐流、放任自己。只有这样，人们才能成为精神、意志和智慧的主宰者。

确定了目标之后，应该坚定思想，勾勒出一条通往成功的道路，绝不左顾右盼。

人生轨迹的改写，从转变观念开始

一个人能否实现自己的目标而获得成功，完全取决于自己的思想。在这个井然有序的世界里，哪里缺失平衡，哪里就将毁灭，任何人都会对世界产生影响。一个人的优势和劣势，思想或单纯或复杂，都由自己决定。这些都是自己长久以来养成的，而非他人影响。所以也只有自己才能改变这些特质。痛苦、幸福皆由自己造就。人有所想，便有所获；思想越深，影响越大。

一个强大的人再想帮助一个弱者，也得这个弱者愿意接受帮助才行。即使接受了别人的帮助，弱者也必须自强。必须通过自己的努力，把对强者的羡慕化为力量，这样弱者才能彻底改变自己的状况。

人们通常会认为：奴隶之所以成为奴隶，是因为有压迫者存在，所以应该痛恨压迫者。但是，很少有人会这样想：压迫者之所以存在，是因为很多人愿意去当奴隶，所以应该鄙视奴隶。事实上，压迫者和奴隶是两个无知的合作伙伴，尽管表面上互相折磨，其实都是在折磨自己。如果有足够的认识，就能看到受压迫者的软弱和压迫者滥用权力的规律。能看到双方遭受的痛苦，不单单谴责某一方，才是博爱；接受压迫者和被压迫者的存在都是合理的事实，才是真正的同情。

如果一个人能够摒弃自私的思想，客观地看待事情，那就不存在压迫者和被压迫者，他就能获得真正的自由。

只有提升思想，一个人才能成长、变得强大进而成功。

如果拒绝改变思想，等待他的只有卑微和不幸。

一个人想要做成功，哪怕再简单不过的事情，都必须先提升自己的思想，超越奴性，改变放任自流的态度。即使不能够一蹴而就，为了取得成功，也要尽最大可能去弱化这些根深蒂固的思想和习惯。如果一味放纵，那么无论是谁，都不能保持头脑清晰，有条不紊地实施计划。而且，自己的潜质和资源可能永远得不到开发，任何事业都不会成功。因为不能果断控制自己的思想行为，就无法控制事态的发展，从这个角度来说，每个人都要对自己的失败负责。不能控制自己思想行为的人，不可能独立行事，他的发展永远会受到限制。

不摒弃思想中的放纵倾向，而任由其发展，人就不会有进步，更不会有成就。只有摒弃混乱的纵欲思想，集中思想和精力，下定决心谋求发展，自力自强，才能有所成就。思想提升得越高，一个人取得的成就越大，幸福也会越持久。

诚实、大度、有美德的人，永远受人欢迎，受世界眷顾。不同时代的大师们已经用他们的行动证明了这一点。但对于任何一个人来说，要想证明这一点，必须坚持提升自己的思想，摒弃性格中的贪婪、欺诈、恶毒，让自己的品德越来越高尚。

智慧的成果是思想对于知识的探究和对真善美追求的结果。这样的成功有时会不自然地与虚荣和野心联系在一起，但事实并非如此。一时的虚荣和野心不会成就任何事情，智慧的成果是在具有纯洁、高尚、无私思想的前提下，长期坚持努力的结果。

有着崇高理想和高尚思想的人，通过仔细研究一些纯洁、无私的人的特质，便可以学习到睿智、高尚的品德，并通过效仿和精进站到权力和幸福的制高点，这时就如同太阳升到了天空最高的位置，月亮出现了满月的状态。

任何形式的成就，都是不懈的努力和崇高的思想的证明。自制和决心，加上纯洁、正直和目标明确的思想，能帮助一个人到达人生的制高点。要是自私放纵、作风懒散、思想腐败混乱，一个人就会后退，更不可能看到人生的制高点。

思想的提升会让一个人收获无与伦比的成功，即使这种成功只是在精神世界里。如果一个人回到傲慢、自私、腐朽的思想中，他必定会遭遇人生低谷，面对痛苦不堪的境地。

通过持之以恒的正确思想取得成功时，人们必须时刻保持警惕，这种成功的果实才能持久。然而在现实中，许多人在成功面前会掉以轻心，躺在成功的温床上睡大觉而止步不前，最终还会遭遇失败。

自制和决心，加上纯洁、正直和目标明确的思想，能帮助一个人到达人生的制高点。

无论是生意的成功、智慧的产生还是精神领域的成功，都源自正确思想的指导，都符合同样的规律，都通过同样的方法，唯一的区别只是实现的目标不同而已。

牺牲得少，会有小成就；牺牲得多，能有大成就。想要到达人生制高点的人，必须对自己原有的思想行为做出深刻反省和提升。

梦想有多大，舞台就有多大

　　梦想家是改变世界的勇者。世界会因为梦想和理想而变得愈发美好。因此，尽管这世界上有各种苦难、罪恶和肮脏，但它们都会被独一无二的梦想家的美好愿景所改变。

人类不能忘掉这些梦想家，更不能让理想褪色甚至消失。

人有了崇高的理想、美好的憧憬，一定能够实现人生目标。哥伦布怀揣着探索另外一个世界的梦想，最终发现了新大陆；哥白尼憧憬的世界是多样性的，认为宇宙比已知的更广阔，最终他揭示了宇宙的一些奥秘；佛陀想要走进无比纯真、平和的精神世界，最终他做到了。

每个人都要珍视自己的梦想，珍重自己的理想。能激起心中波澜的音乐、头脑中出现的美丽画面、纯真思想的

美好装饰，这些都值得珍惜，因为它们都能产生天堂一样的快乐氛围。如果一个人能忠于思想中最美的东西，最终就一定能创造出这样的世界。

有期待，才有动力；立志，才会成功。

最大的成就起初很长一段时间内只是梦想。参天大树曾经只是种子，龙鹰曾经在蛋中等待破壳而出；在人们心灵深处的崇高的梦想，只要敢想敢做，总有可能实现。

你所处的环境也许让你觉得格格不入，但这并不能阻止你拥有理想，并为之而努力。在这样的环境中，你不能只在自己的内心默念，也不能向命运低头。有一个出身贫寒的青年，没有接受过良好的教育，常年工作在不卫生的车间，"优雅"这个词怎么都和他无法联系在一起。但他常梦想美好的事物，憧憬理想的生活。慢慢地，他开始不安，他要采取行动争取更多的自由和更好的发展机会。

后来，他开始利用业余时间开发自己潜在的力量和资源。他的思想很快得到转变，车间这样的工作环境逐渐容纳不下他的理想，于是他离开了车间。那车间就像是一件旧衣服一样被他扔掉了。

多年后，这个青年成了一位优秀的企业家。他不仅实现了青年时代憧憬的生活，也实现了自己的理想。

> 在人们心灵深处的崇高的梦想，只要敢想敢做，总有可能实现。

实际上，信念和理想拥有无与伦比的力量，能帮助人们摆脱生活的泥沼，超越世俗的种种不堪。

年轻的读者们，你们也可以拥有梦想，然后努力去实现它。这个梦想或许是微小的，或许是崇高的。但无论怎样，它都会成为你生活的重要目标，决定着你未来的境况。

但是，实现梦想的过程也不总是一帆风顺的，它需要有深沉的渴望和长久的坚持。

如果一个人没有认识到这一点，就会只看到事物的表面，总是将成功归因为所谓的运气、财富和机会。

看到一个智慧的人，人们可能会说："瞧！人家多幸运！"看到一个技术纯熟的人，人们会说："老天是多么眷顾他啊！"看到一个品德高尚、影响力甚广的人，人们可能又会说："人家多有运气呀！"但凡有这样想法的人，其实根本没能看到这些成功的人为了精益求精，为了自己的梦想和目标而付出的努力，也根本不了解他们牺牲了多少东西，有多么顽强的信念，克服了多少障碍，才实现了自己的梦想。有成就的人背后的心酸痛楚，在黑暗中摸索挣扎，也并不是所有人都能看到。我们只看到了这些人最后的光环和由此带来的快乐，还把它们称作"运气"。

人类所经历的一切事情，都遵循只要努力就有回报的规律，决定结果的是努力的程度，而不是机遇。天资、力量、物质、智慧和精神财富——这些都是靠努力才能得来的，它们都诞生于目标和梦想之中。

请将美好的梦想、崇高的理想种在心中吧！只要人生有梦想和理想，你就一定能成就非凡的人生。

———— ❦ ————

人类所经历的一切事情，都遵循只要努力就有回报的规律，决定结果的是努力的程度，而不是机遇。

———— ❦ ————

格局越大的人，内心越平静

平和的心态是一种智慧，是一个人长期自我约束、修身养性而达到的一种人生境界。

它的存在是成熟经验的体现，是一种超越普通知识和思想行为的现象。

当一个人真正理解了人生的规律，那么他就能变得平静。因为他具备了正确的理解能力，能够通过因果关系更加透彻地看清楚事物的因果关系。他不会再去无事自扰，不再担忧痛苦，而是变得泰然自若、坚定不移。

　　心态平和的人知道如何控制自己的言行举止，如何调整自己以适应他人。反过来，他人也会尊敬心态平和之人的精神力量，会认为值得他们学习和尊敬。如果一个人变得越来越平静，就能获得越来越大的成果。就算是一位普通的交易者，如果能培养一种更强的自我控制和镇定的能力，他便能获得更大的商业繁荣，因为所有人总是更加愿意与行为公正的人做生意。

平和的心态是一种智慧，是一个人长期自我约束、修身养性而到达的一种人生境界。

内心强大和平静的人总是受到爱戴和尊敬。他们就如同干旱的土地上依然挺拔的遮阴树，或者暴风雨中能让人们遮风挡雨的山洞。一个心态平和、性情和蔼、思想安定的人，有谁会拒绝和他成为朋友呢？

比起对宁静生活的向往和追求，单纯的金钱追逐是多么不值一提。这是一种生活在真理的海洋之下，身处惊涛骇浪之中，暴风雨无法触及的一种永恒的平静。

我们知道有许多人由于心烦气躁而摧毁了他们原本美好的生活，同时也破坏了他们的形象，让别人产生了厌恶感；还有很多人因为缺乏自我控制和约束而步入了放纵的深渊。又有多少人能够真正做得到生活平衡、内心宁静呢？

是的，人们因为无法控制的情绪而变得焦虑不安。只有智慧的人，只有思想得到控制和净化的人，才能在思想的激流和暴风雨中保持清醒和平静。

人的内心总会有动荡不安的时候，然而无论何时，身处何地，在生命的海洋里，只要用你的双手

> 只有智慧的人，只有思想得到控制和净化的人，才能在思想的激流和暴风雨中保持清醒和平静。

紧紧抓住思想之舵，理想中的阳光海岸都在等待着你的到来。

格局
决定成败 第二章

每一次挫折都是进步的良机

　　不安、痛苦和悲伤都是生活的阴影。世上任何人都会感受心灵的刺痛，任何眼睛也都流过难以言说的滚烫泪水。

　　没有一个家庭不曾经历过变故、疾病和死亡，不曾经历过心灵的痛苦和煎熬。

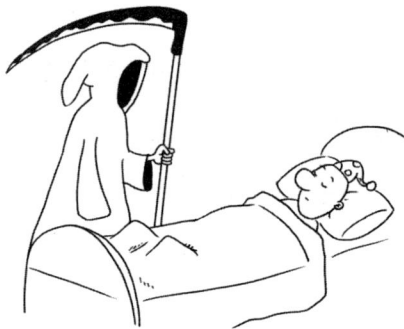

在强大和看似坚不可摧的生活苦难里，似乎所有的东西都会深陷其中，在那里等待人们的只有痛苦、不幸和厄运。

在这些意外的事情面前，有人选择放弃自己的目标，躲进可以暂时减轻痛苦的角落。所以，无数人盲目地选择某种环境，并天真地希望在这里幸福永远都不会消失。

> 没有一个家庭不曾经历过变故、疾病和死亡，不曾经历过心灵的痛苦和煎熬。

酒鬼就是这样的人，他们靠感官的刺激来享受短暂的幸福；还有一些特别的拜金主义者，用奢侈品充斥生活，把自己置身于任何悲伤的事情之外，求得所谓的幸福；还有渴望名利的人，不惜采用各种手段来达到自己的目标，用自私的成功来获取所谓的幸福；还有一些人，遵从宗教的各种说教，享受某种虚幻的幸福。

对于这些人来说，他们天真地认为通过各种方式得来的幸福会永远存在，于是可以放松警惕，享受看似平和、安全的环境并陶醉其中。然而最终，某些疾病会不期而至，某些巨大的痛苦、诱惑或不幸会突然降临。此时，自己虚构的幸福蓝图也会四分五裂。

因此，快乐上面往往悬着一把痛苦的达摩克利斯之剑[1]，随时会掉下来，刺穿人们那没有保护防线的心灵。

童年时，每个人都想长大；长大成人后，又总为逝去的童年的幸福而叹息。穷困潦倒时，人可能会心烦意乱；而有了财富之后，人们又常常生活在患得患失的恐惧之中，找不到真正幸福的影子。

---

1. 达摩克利斯曾与国王狄奥尼修斯互换身份，一开始他非常享受权力带来的快乐，但当他抬头注意到王位上方用马鬃悬着的利剑时，顿时兴致全无。达摩克利斯之剑通常用来形容隐藏的危机。

有时候，一些人开始信奉某种宗教，树立艺术理想，似乎感觉找到了安全的庇护所。但一些无法抗拒的诱惑证明，宗教信仰并不是幸福的目的地。理论上的哲学在现实中像一个无用的道具，一旦遭到现实打击，可能信徒们心中神圣的雕像会在顷刻间倒塌。

那么，是不是人类就无法逃脱痛苦和悲伤呢？难道永久的幸福、持续的繁荣和持久的和平只是人类愚蠢的梦想？

我很高兴地告诉大家：事实并非如此，有一种方法可以战胜邪恶与痛苦，可以战胜疾病、贫困和任何不利环境，可以让人类享有永久的幸福、繁荣和和平。

要想掌握这个方法，必须先正确理解衰败的根源——邪恶。

否认或忽略邪恶的存在是不够的，必须看到它的本质。向上天祈祷，帮助消除邪恶也是不够的，我们必须清楚原因，接受必要的教训。

对于束缚我们的枷锁，光是恼怒、发脾气是无济于事的，必须找到根源，明白自己为什么会被束缚。所以，每个人都必须从问题中先跳出来，认真看待自己、了解自己。

我们必须停止在自己的"经验"学校里做一个不听话的孩子，开始虚心、耐心学习经验带来的教训和启迪。正确理解了邪恶的存在，它便不再是邪恶，而是成为人类成长过程中的过渡阶段。因此，邪恶实际上是好学之人的老师。

邪恶并非存在于外部世界的抽象的东西，而是我们内心的一种经验。耐心体会和纠正自己的思想，就能逐步找到邪恶的根源和本质。只有如此，才能在以后的生活中彻底消除邪恶。

任何邪恶的事情都能得以纠正和补救，因此邪恶并不是永恒的东西。它产生的根源在于无知——对任何事物的性质和事物之间的关系一无所知。不消除无知，人就会屈服于邪恶。

世界上的任何邪恶都来源于无知。如果一个人愿意从教训中不断学习进步，就会越来越有智慧，邪恶也就越来越远，直到消失。反之，如果一个人不愿意吸取经验教训，而是停留在邪恶里，那他永远都走不出邪恶的阴影。

有这样一个孩子，每晚母亲抱他到床上睡觉时，他都哭喊着要蜡烛。有一天晚上，母亲一时没注意，孩子抓住了蜡烛芯，结果可想而知，燃烧的蜡烛烧到了手。从此，孩子再也不要蜡烛了。

通过一次愚蠢的行为，孩子得到了经验，并且彻底接受了教训。这个例子对于痛苦的本性、意义以及最终结果，给予了全面说明。

在上面的例子中，孩子因为对火的自然本性一无所知而遭受痛苦。而我们跟这个孩子并没有本质上的区别，只要还存在无知，便会做出错误的举动，从而遭受痛苦。

两者唯一的区别是：我们的无知和邪恶有着更深层次、更难以理解的原因。

黑暗总是邪恶的象征，而光明总象征着善良。其实在世界上，光充满了整个宇宙，黑暗只是其中的一小点或是光的阴影——

> 光明是生命的本性，是构成世界的主要部分，而邪恶只是自身投射的微不足道的阴影，它拦截了小部分光线而已。

由一些微不足道的物体在光的背景下形成。由此来说，光明是生命的本性，是构成世界的主要部分，而邪恶只是自身投射的微不足道的阴影，它拦截了小部分光线而已。

遭遇悲伤、痛苦或不幸时，可能你会拖着疲惫的脚步磕磕绊绊地前行。但是一定要清楚，环境只是拦截你的快乐和幸福再小不过的因素，真正遮盖快乐和幸福的阴影是你自己。

恶果是无知的直接产物。当一个人完全认清了恶果带来的教训之后，它就会消失，人就会变得更加有智慧。但是，如果一个人拒绝进步、怨天尤人，那他的境况就会越来越差。

　　有人问道："人为什么非要花费力气去反省自己、穿越恶果所在的黑暗呢？安于现状不行吗？"这是因为人的无知会一直让自己受苦，又因为这样做使人懂得恶与善，使人在经历黑暗之后更加坚定地选择光明。

　　如果一个人拒绝接受教训，从而使自己继续留在恶果带来的黑暗中，那么可能会遭遇更多疾病、失望和痛苦。

因此，如果一个人想要不断改变自己，就要时刻学习，不断接受外界一切经历带给自己的经验和教训，逐步成为有智慧的人，如此才能找到永久的幸福与平和。

当然，一个人可以把自己关在黑暗的房间里，认为世界上根本没有光。但无论如何，在这间黑屋子外面，光无处不在。

所以，我们要么置身于真理之外，要么推倒偏见、自私和错误的围墙，让灿烂的光芒在自己的生命里无处不在。

只有通过自我反省才能认识到，邪恶是一个必然要经历的过程，是我们给自己罩上的阴影。痛苦、悲伤和不幸是无知的必然结果，它们之所以会发生，是因为我们理应经历这些，我们也需要这些。所以，对待它们，首先是忍耐，然后是了解，最终我们会攻克它们，进而变得充满智慧、强大，成为一个崇高的人。

如果一个人能够充分认识不幸，就能塑造自己的成长环境，把恶果变成智慧，用高超的技艺来编织自己的命运。

越努力，越幸运

你是怎样的人，就拥有怎样的世界。世间的一切都能转化为个人的经验。外面的世界怎样，其实无关紧要，因为它完全是个人意识的反映。

内心的状态，对于一个人的成长才是最重要的。内心怎样，外面的世界就会被看待成什么样子。

思想、欲望和志向都是构成个人世界的要素，而且对任何一个人来说，不论美丽、愉悦和幸福，还是丑陋、悲伤和痛苦，完全都是内心的感受。

通过思想的作用，人可以创造或破坏自己的生活和世界。思想的力量能够创造自己的内心，因此你也能对自己的外部生活和环境做调节。

不纯洁、污秽和自私的内心，必定会遭受不幸和灾难；纯粹、无私和高尚的内心，必会感受到幸福和美好。

每个人的心灵会吸引各自的事物，那些不属于你的也不会轻易到来。

因此，人的想法造就了真实的自己；周围的世界，无论是生机勃勃还是死气沉沉，都是你内心的感受。正如佛语所说，所有的结果都是人们思想的产物。

一个人高兴，是因为他生活在快乐的思想氛围里；一个人痛苦，是因为他生活在悲伤或绝望的思想状态中。

无论惧怕或无畏，愚蠢或聪明，烦恼或平静，都是人内心蕴藏的状态，绝对不是外界环境的作用。也许有人会问："那么外界环境对人的思想就没有任何影响吗？"当然有，但只有一个人想要接受环境对他的影响，那么环境才会影响到他。

> 不纯洁、污秽和自私的内心，必定会遭受不幸和灾难；纯粹、无私和高尚的内心，必会感受到幸福和繁荣。

如果你被环境左右，只是因为你没能正确理解环境的本质。

如果你相信（"相信"这个词，也承载了悲伤和快乐两种感受）外在环境创造或破坏你的生活，那你就会服从它们，成为环境的奴隶，让它们无条件地做你的主人。如果你接受了这样的信念，你就赋予了环境无限的力量，而这力量本来掌握在你自己的手中。

我认识这样两个人，他们都在年轻的时候失去了努力积攒的存款。其中一个人整日深感不安、懊悔、担忧和绝望。而另一个人得知他存钱的银行已经破产时，他想：没有就没有了吧！痛苦和担忧不会让钱再出现，但只要勤劳，还能创造一切。

于是，后者精神焕发地投入工作，很快就又富了起来。而前者还在为自己失去的钱而悲伤，抱怨自己倒霉，所以仍然身陷低谷，处于软弱和奴性的思想状态之中。

同样是损失了金钱，对于前者来说就是灾难，因为他选择用黑暗和凄凉的思想来看待这件事；对于后者来说就是重新开始努力的起点，因为他用光明和希望的思想来对待这件事。

如果环境本身有保护或伤害人的力量，那它同样会保护或伤害所有人，不会有任何差别。但事实并非如此，同样的环境就不同的人而言，影响完全不同。这证明思想决定结果，而不是环境。

如果一个人能认识到这一点，就能有意识地开始控制自己的思想，通过对思想的调整和训练，去除其中无用的成分，保留喜悦、平静、同情、爱心等善良的思想，如此，人就会变得快乐、平和、坚定、健康、慈悲、友爱。

类似的例子有很多很多。

一次，一位热情洋溢的科学家在乡间漫步，这也是他的兴趣所在。途中，他在一个农家小院看见了一个在水池里玩水的孩子。

他对孩子说："我的朋友，这个池中有100个，不，有100万个物质，只要我们有足够的智慧和工具，就能看到。"而孩子不屑一顾地回答说："是的，我知道这池中满是蝌蚪，很容易就能抓到。"

在科学家的眼里，世界充满了知识，所以他能看到更多隐藏于事物背后的价值；而对于混沌未开的孩子来说，世界就是他眼里看到的东西，并无特别之处。

对于水手来说，海洋蕴藏着危险，在大海航行的船只
有可能触礁；而在音乐家眼中，大海是灵感的来源，他们
在海边能感受到变幻莫测的音符。

普通人看到了灾难和混乱，哲学家却看到了因和果最
完美的排列组合；唯物主义者看到了死亡，神秘主义者却
看到了生命的律动和永恒。

多疑的人认为每个人都值得怀疑；爱撒谎的人认为不会有诚实的人存在；善妒者认为每个人都心存嫉妒；自甘堕落的人，常会把圣人看成伪君子……

而另外一些人，他们在爱的思想中生活，看到的都是爱和喜悦——诚实的人不会怀疑别人；和蔼友善的人会对他人的好运感到欣慰，却不会嫉妒；真正爱自己的人也会爱别人……

人都喜欢和自己相近的人接触进而成为朋友，这是事实，也是自然规律。所以有"物以类聚，人以群分"之说，

它揭示了事物之间更深层次的联系。因为无论是物质世界还是精神世界，人们都愿意和自己类似的人相处。

如果你正在祈祷自己成为那些幸福、快乐的人当中的一员，并盼望着在有生之年幸福、快乐地生活，那我告诉你一个好消息：你可以加入他们，找到属于自己的幸福世界。其实幸福、快乐充满着整个宇宙，就在你的心里，等你去发现、承认和拥有。

你必须相信自己有爱和快乐的能力，然后冥想沉思，直到自己明白世界就是内心的反映这个道理。

然后，你就会开始自省，重建自己的内心世界。当你得到一个又一个启示，认识逐步深化时，会发现外界所有负面的环境对你都不再起作用。

先练就美德，再征服世界

　　世界是一面镜子，每个人都能在其中看到自己。现在让我们一起迈着坚定、轻快的步履继续攀登，来到认知层面，看这里有什么规律可循。

最基本的规律是，世界里的一切皆有因果。在因果中，事物之间相互作用。任何事情都不能脱离因果规律而独自存在。

无论是人的思想、语言和行为，还是天体运行、世事变化，无不有规律存在。没有任何一种偶然存在于世界上，因为这种情形将否定所有规律。

> 世界是一面镜子，每个都能在其中看到自己。

因此，每一个生命也必然受到有序、和谐的规律限制。"一分耕耘一分收获"这个定律鲜明地刻在永恒之门上，没人能够否认，也没人能够逃避这个定律。

就如同把手放进火里一定会被烧伤，任何咒骂和祈祷都无法改变这样的结果。

人的精神也被完全相同的定律所控制。仇恨、愤怒、嫉妒、贪婪——这些都是燃烧着的火，只要碰到任何一个，都会被烧伤。

能够烧伤人的思想都被称为"邪恶"。因为人的无知，它们会在不知不觉中破坏人的努力成果，导致人处于混乱状态，让人遭受疾病、失败和不幸，进而令人痛苦和绝望。

充满了爱、温柔、善良和纯洁的思想，则能抚平伤痛，并让人再次和永恒的规律和谐相处，这样人才会健康，拥有好运和成功。

透彻地了解宇宙中万事万物的这一伟大规律，我们会获得一种平和的心理状态。

一个人必须清楚：正义、和谐和爱是至高无上的优秀品质。同样，不利于成长发展的环境的形成，是自己不顺从规律的结果。

知道这一点可以让我们获得力量；只要能够忍耐，练就自己接受一切条件的理念，就能逐渐变得平和。只有如此，你才能不受所有不利环境的影响，用必胜的信念去克服一切困难，也不会惧怕任何不幸和遭遇会卷土重来。因为只要你遵守规律，那么你拥有的力量一定能把它们都斩草除根。

用顺从规律的方式处理问题，你就能和规律和谐一致，那么无论面对什么困境，你都能转化它。

和人类所有弱点的起因一样，权力的根源也是内在的；幸福的秘诀也像痛苦的秘诀一样，都是内心的感受。

只有内心的安宁，才能让人进步；只有让自己不断获取更多的知识，才能找到持久繁荣与平和的立足点。

不要惧怕任何不幸和遭遇会卷土重来，因为只要你遵守规律，那么你拥有的力量一定能把它们都斩草除根。

如果你认为自己正遭受环境的束缚，是环境障碍了你获得更好的机会、更广阔的发展空间和更丰富的物质条件，也许你该反思一下，是不是你内心的埋怨和不满束缚了命运的脚步。

如果你能够以坚定不移的决心改善自己的内心状态，你就能改变外部环境对自己的影响，从而提高生活条件。

我知道，生活中有些小路看似贫瘠，但不论是什么样的道路，都能通向真理。一开始，人们可能觉得这条小路并不正确，也可能觉得它引人入胜，但无论怎样，只要你选定了一条小路，就要持之以恒地锻炼自己的思想，克服自己的弱点，让内心的力量在前进的过程中不断得到修正，那么最终，你会对自己生活的变化感到吃惊。

坚持走下去，即便小路凹凸不平，你也能遇到撒落在道路上的各种机遇，你也会练就驾驭这些机遇的力量。如此，就像磁铁相互吸引一样，你会交到许多志同道合的朋友，也能碰到和你产生共鸣的心灵。这时，所有你需要的书籍和外界的帮助，也都会涌现在你面前。

或许贫困的枷锁会压得你喘不过气来，你可能因为没有朋友而感到孤单、寂寞，也可能会渴望减轻自己沉重的负担。

也许你会抱怨，叹息自己的命运，责怪自己、父母或是上司，甚至责怪上天，让自己遭遇贫穷和困苦，而给予别人富有和安逸的生活。

但是，请停止抱怨和烦恼吧！你所责怪的，没有一个是让你困苦的原因，真正的原因是自己的内心。只有找到真正的原因，才能找到补救的办法。

如果你是一个喜欢抱怨的人，那说明你的命运可能不会太好，也表明你缺乏一种信念——通过努力会取得进步和改变。

在这个规律统治的世界里，喜欢抱怨的人将失去立足之地，担忧和焦虑也只会让事情恶化。消极心态会进一步吞噬你，让你陷入黑暗，只有改变你对生活的态度，你的生活才会随之改变。

与其担忧焦虑，不如树立自己的信念，增长知识，为自己创造更好的生存环境和更广阔的机会。

不要自欺欺人地认为财富、地位、优势会长存而松懈下来。因为这些不是永恒的，一旦停止了进步，你会快速后退。

每个人都如此，在你想要得到更多的时候，别忘了珍惜目前所拥有的一切。珍惜加上努力，你便会获得超越的力量。

也许你正住在一间小房子里，周围环境很脏、很乱。或许你希望住所更大、更卫生。但你要做的第一件事，就是先从适应现在这个小平房开始，尽可能把它收拾得像一个小天堂一样。

让它一尘不染，装饰得漂亮一些。做自己喜欢吃的东西，哪怕是再普通不过的食物，把看似简陋的桌子摆满丰盛的菜肴。即便买不起地毯，你也要让房间充满微笑和热情。

这样做就可以改善你目前所处的环境，而且在适当的时间，你也会住进更好的房子，进入更好的环境中。事实上，它们也在等待你的到来。

也许你渴望的东西要经历很长时间的努力才能得到，有时你会觉得这个过程实在太艰苦、太漫长。所以，在接近渴望得到的东西的过程中，要尽可能停下来享受时光。

如果你不能控制把握自己目前所拥有的短暂的时间，而只是渴望能有更多时间，这是毫无意义的。因为这样的渴望只会让自己更加懒散和麻木。

即使贫困、缺少休闲时间，事情还不一定会很糟糕，但它们如果开始阻碍你前进了，那是因为你为它们穿上了用自己的弱点做成的外衣，你所看到的弱点都存在于你的内心。

> 在你想要得到更多的时候，别忘了珍惜目前所拥有的一切。珍惜加上努力，你便会获得超越的力量。

只要你不断塑造自己的思想，你就能成为命运的创造者。当你通过自律改变自己的很多行为时，你就会拥有某种掌控力。当你越来越清楚地认识到这一点时，最终你会看到，原本所谓的恶果可能会被转化为幸福。

如果你还生活在困顿中，便可以借此培养耐心、希望和勇气。肥沃的土壤能够开出最美丽的花朵，最出色的人格花朵也同样能在贫困但肥沃的土壤中发芽、开花。

当遇到困难或面临不利条件时，美德就会彰显荣耀，发挥活力。

有人因为上司对自己发火，就觉得自己受到了不公正对待。可如果能转换思维，把遇到这样的上司看成对自己的锻炼，用温柔和宽容来回应上司的刻薄，反而能培养出耐心和隐忍的品质。

人需要不断磨炼自己的耐心和自制力，提升内心的力量，正确对待不利因素和条件。上面的例子中，通过耐心倾听和虚心接受，可能会让上司对你刮目相看。这样做的同时，你也提高了自己的精神高度。从此以后，你就能比别人更快进入适合自己的新环境。

假设你被人奴役，也不要抱怨。而是要通过高尚的行为举止来提升自己，摆脱被奴役的境地。在抱怨自己没有自由时，请事先审视一下自己的内心。

如果你直面自己的内心，不给自己留任何情面的话，也许你会发现自己的奴性思想以及日常生活中的奴性习惯。例如，你

只要你不断塑造自己的思想，你就能成为命运的创造者。当你通过自律改变自己的很多行为时，你就会拥有某种掌控力。

可能不敢决定自己的生活，可能因担忧未来的风险而宁愿待在舒适区……

一定要战胜这些内在的东西，不要将掌控权拱手让人，谁也没有权力奴役你。战胜了自己的内心，你就能战胜一切，克服各种困难。

但同时，千万不要压迫别人。有一条绝对公正的规律，那就是今天压迫别人的人，明天一定会受到别人压迫。昨天也许你还是个富人，在压迫着别人，而转眼间你可能就欠了别人许多债。所以，一定要提升自己的品格和修养。

正义和善良是永恒的，这点需要牢记。每个人都应该不断努力提升自己，超越主观和短暂，去寻求客观和永久。

请摆脱你正在被别人伤害或压迫的错觉，如果你能更深层次地了解自己的内心世界并掌握生活的规律，你会发现真正伤害你的是自己的内心——自怜是最丧失体面、最贬低自己和毁灭内心的行为。如果这些伤害充斥着你的内心，你将永远无法获得更充实的生活。

但同时，不要宽恕自己不当的行为、愿望或想法，因为它们承受不住善良之光的照耀。

如果你能做对这一点，最终幸福也会如期而至。根除内心自私和消极的因素，才是超越贫穷或任何不利条件的唯一办法。因为它们确实都是内心的反映，如果不改变内心，贫困会一直继续。

想要拥有真正的财富，就要有美德。能赚到很多钱的人，未必拥有美德，也许他们并不希望自己有美德。那么他们的财富就不是真正的财富，拥有财富也只不过是短暂的行为而已。

富人缺少了美德，就变成了穷人，会像河水一样漂流到海洋里，财富也会和贫困、不幸一起随之漂流。

尽管有些人一生中的很多时候都很富有，但如果没有长期的经验和战胜自己内心贫困的决心，也一定会多次陷入贫困之中。

其实，外表贫困而富有美德的人才是真正的富人。在物质的贫困中，他一定能走向最后的繁荣，喜悦和幸福终究都会降临。想要成功，首先必须具有高尚的品德。

不要宽恕自己不当的行为、愿望或想法，因为它们也承受不住善良之光的照耀。

因此，如果将投机取巧直接锁定为你的目标，并贪婪地去实现它，那么你最终会走向失败。与其如此，不如把生活的目标定为有用的无私奉献，并向至高无上的善伸出你的信念之手。

如果你想要得到财富的目的是为了回报社会，帮助他人，而不是为了自己，那财富就会自己来找你。因为在追求财富的时候，你把自己当作服务员，而不是主人，你就会变得更加强大和无私。

　　要仔细考虑好自己的动机，因为大多数情况下当人们帮别人谋求福利时，其真正的动机往往是对自己声望提升的渴求，或是想为自己树立慈善家或改革家的形象。

　　如果不善待自己拥有的东西，财富越多，你就会越自私；如果你用金钱做的事情越多，越有可能感到自满。

　　如果你真正的愿望确实是做好事，那完全没有必要等有了钱再去做，此时此地你就能做；如果你真的无私，在不富裕时，

如果你想要得到财富的目的是为了回报社会，帮助他人，而不是为了自己，那财富就会自己来找你。

可以用牺牲自己的方式来帮助别人。你只需克服自私的

欲望，去除自己卑劣的品质，对邻居和陌生人、朋友和敌人都传递幸福的气息。

成功和权力都与内心的善良及其他美德相关，而积贫积弱与内心邪恶相关。这也是因果关系。

有钱并非真正拥有财富，也不意味着地位和权力，只依靠金钱无异于站在一座陡峭的险峰上。

真正的财富是由美德积累而成的，人真正的权力就是运用自己的美德，纠正内心，调整生活。贫穷和弱势的根源来自欲望、仇恨、愤怒、虚荣、骄傲、贪婪、固执、放纵、自私，而财富和权力的积累源于人的博爱、纯洁、温柔、同情、慷慨、无私、忘我。

当一个人能够克服不利的因素时，内心就会产生无法抗拒、坚不可摧的力量。如果一个人能创造出怀有最高美德的自我，那全世界就会拜倒在他的脚下。

事实上，富人和穷人一样都拥有难处，富人甚至比穷人离幸福更远。这里我们所讨论的幸福，不取决于你的外在条件和拥有的财富，而取决于你的内心。

假如你是一个企业家，和自己的员工产生了很多矛盾，感觉麻烦缠身；当你自认为矛盾快要解决，而最忠诚的员工却离你而去时，你会开始或完全失去对人的信任。

之后，你开始尽力补偿，给员工更高的工资，给他们更多的自由，但实质上问题并没有得以解决。让我们来分析一下原因吧。

因为你才是深处困境的根源，而并非员工；只有以谦逊和真诚的态度审视自己的内心，发现和消除自己的错误，才能发现矛盾的根源。

原因也许是你自己的某种私欲、对他人的怀疑或是某种程度的伪善，即使你自己不想流露，这些情绪也会悄悄在人群中蔓延，人们会下意识地对你的行为有所反应。

你可以善意地想象一下你的员工和他们的工作环境，如果把你自己放在他们的位置上，你会怎样做。

心灵的谦逊最为珍贵、美丽，面对雇主的善意时，员工会完全忘我地工作。但是更为难得的一种美德是，雇主忘记自己的幸福，去为那些在自己的权威下生活的人们谋取幸福。

这样的雇主，幸福会增加 10 倍。同时，他再也不会抱怨员工。一位才华横溢、从不解聘员工的著名企业家说："我总会和我的员工保持最愉快的关系。如果你问我此话怎讲，我只能告诉你，一开始这就是我和员工相处的目标。"这就是秘密，如果这样做，就会得到所有理想的条件，克服一切不利因素。

你觉得自己孤独、没有爱、没有朋友吗？那么为了你自己的幸福，我恳请你做到：除了自己，不要去责怪任何人。

对他人友善的人，能够聚拢许多朋友。如果你纯洁可爱，就会受所有人爱戴。

对于任何让你的生活变得沉重的事情，你都可以通过内心提升和自我净化来获得力量，从而征服和超越自己、超越困境。

无论是来自贫穷的烦恼，还是来自富有的压力，或者是来自生活中的种种不幸，你都可以通过克服自私来攻克。

如果一个人必须通过赔钱或丧失职位的方式来弥补没有遵循规律的恶果，他可能因此痛苦或丧失勇气，但这也可能是他反思自己，从而找到财富、权力和快乐的过程。

坚持自我的人，是自己的敌人，而且会被敌人团团围住。能够适度放弃自己的人，才是自己的救星，而且会有很多朋友围绕在身边，像给自己建立了一个保护带。对于纯洁的心，所有的黑暗、乌云都会消散。其实，征服自己的人已经征服了整个宇宙。

　　脱掉自私、渺小的旧衣服，穿上用博爱做的新衣服，你就会看到内心的天堂。坚定地踏上改善自己的道路，在信念的支持下，懂得自我牺牲，就一定能获得最大的成功，并会拥有源源不断的欢乐与幸福。

掌控不了自己，便驾驭不了他人

　　思想的力量是宇宙中最强大的力量。这种力量得到正确的引导，就会产生善行；被错误利用时，则会产生毁灭。

这就好比蒸汽机或电力发动机等机械方面的常识，但很少有人会把这种知识用到精神领域。思想的力量（所有力量中最为强大的）不断产生，它们可能成为拯救者，也可能成为破坏者。

人类发展到目前的阶段，已经拥有了征服物质世界的力量。但是，即使许多智者一再强调，人们还是很难征服自身的内在思想。

希伯来的先知们有着高超的预言知识，他们总是把外在事件和内在思想联系起来，把国家面临的灾难和成功与当时国家的主导思想联系起来。

他们预言的基础就是思想的因果力量，因为它是所有智慧和力量的基础。国家大事件只不过是国家力量的一种体现。

战争、瘟疫和饥荒跟错误的指导思想密切相关。一旦指导思想出现偏差，破坏性的后果便随之而来。

实际上，指导思想在世界的塑造中起着重要的作用，要想有所改变，必先铸造思想，然后再让它作用于物质世界。

作家、发明家、建筑师首先要在思想中建立自己的创作蓝图，并把所有思想作为一个整体加以完善。然后，他

人类发展到目前的阶段，已经拥有了征服物质世界的力量。但是，即使许多智者一再强调，人们还是很难征服自身的内在思想。

们开始把自己的想法变化成实物材料，使其变成看得见、摸得着的作品。

当思想的力量与支配事物的规律达到和谐统一时，它们就会一直存在下去，然而当思想开始动摇，事物便会渐渐分裂和毁灭。

要想让自己所有的思想都能正向发展，就要让它与善良合作，消除自身一切罪恶的因素。相信这一点，你就能获得成功。

在这里我们能了解拯救的真正含义，获得和实现永恒善良的生活之光，把思想从邪恶的黑暗和否定中拯救出来。

有恐惧、担心、焦虑、怀疑、麻烦、懊恼和失望，就有无知和痛苦。这样的思想状况都是自私的直接结果。

人的所有弱点和失败都源于这样的精神状态，因为它会瓦解积极向上的思想力量，让人们失去对目标和梦想的渴求。

要真正克服这些不利条件，就要让自己掌握权力，不再做情绪的奴隶，而是做自己的主人。通过自己内在知识持续稳步的增长人们就能战胜它们。

但只从认知上明白还是不够的，必须通过实践才能真正超越和理解它们。而精神上肯定积极、善良也是不够的，只有坚持不懈地努力，才能体会和理解。

如何才能做到掌握自己？当你会控制精神力量，而不是被它所控制，这就是掌握的标准。做到这一点时，你就能掌握事态的发展和改善外部环境。

对于一个负面思想缠身的人，即使把成功放到他的手里，他也无法把成功留住，一点不顺就能将他击垮。

没有信念、不会自制的人，根本没有能力正确管理好自己的事情，只能做环境的奴隶、情绪的奴隶。人只有坚强的信念和无畏的意志，才能做成一切。

无论你的地位如何，在你成功之前，必须先学会冷静和专注地集中思想的力量。你也许是个商人，面对某个压倒一切的困难和灾害时，你可能恐惧、焦虑、束手无策。这样的心理状态如果不改，将是致命的。因为当焦虑来袭时，就会失去正确的判断。现在，请你在清晨或深夜走到一个宁静的地方，或者待在一个绝对不会被打扰的房间里，轻松地坐下，强行要求自己忘记焦虑的目标，凝思生活中

令人高兴、幸福的东西，
此时一种平静、沉着的力
量就会渐渐进入你的脑海，
焦虑也就随着消失了。

> 对于一个负面思想缠身的
> 人，即使把成功放到他的手里，
> 他也无法把成功留住。

当意识到自己的思想回到焦虑的状态时，再重新这样做，你会越来越快地找到和平和力量。

如果你完全做到了这些，你就可以集中思想开始解决自己面临的困难了。平日里看起来错综复杂、不可逾越的一切，就会变得异常简单而平常。你将能够带着清晰的视野和完美判断力去辨清奋斗的正确方向。

但在你完全心平气和之前，你必须日复一日地反复尝试。坚持就一定能够做到。平静时，呈现在你眼前的路，一定能通向你的目标。

要绝对跟从冷静和远见的引导，不受焦虑、担忧的任何一点影响。只有冷静，你才能得到启示，从而做出正确判断。

通过这一心态的调整，那些分散的思想力量会如同探照灯的光线一样，重新聚拢起来，帮助你解决问题。

无论多大的困难，在平静、有力的思想面前都会被化解。通过心灵力量的使用和正确引导，任何问题都能被解决。

只有深深地、彻底地了解你的内在本质，战胜潜伏在你内心的无数敌人，你才能对思想的微妙力量有正确的理解，才能了解思想与外在世界物质不可分开的关系，才能知道当它被正确利用和导向时，具有重新调整和改变生活条件的神奇潜力。

每种思想都是一种力量，有自己的性质和强度，并且会接受外界影响，不断沉淀，并产生或善或恶的反应。思想和思想之间也会不断影响。

只有冷静，才能得到启示，从而做出正确判断。

好的思想会以良好的状态反映在外部生活里。控制自己思想的力量，你就能如愿地塑造自己的生活。

圣人和罪人之间的区别就是：前者完全控制了内心的所有力量，而后者是内心被控制了。

追求真正的力量和持久的和平，绝无他法，只能通过自我控制、自我管理、自我净化的途径。受自己的欲望支配的人一定是无能的人、不快乐的人，这样的人在世界上也不会有真正的作为。

要想战胜看似微不足道的爱好和厌恶，战胜反复无常的爱和恨，还有一时的愤怒、猜疑、嫉妒以及一切变化的情绪，你要学会抵制诱惑。你的真正目标是把幸福和成功的金丝线编织在生命之网上。

如果你要坚定、安全地走完自己的人生并获得任何成就，你就必须学会超越和控制这些令人烦恼和动荡不安的因素。

每天养成安静思考的习惯，也就是"保持静默"。这是平和思想取代任何烦乱思想的方法，是用思想的力量战胜软弱的方式。

正如一片贫瘠的荒地能通过引入水渠而转变为一块金灿灿的玉米地或硕果累累的果园一般，人如果能用冷静的眼光看待周围的混乱，就能拯救自己的灵魂，让心灵和生命得到滋养。

当你能够成功地控制自己的思想和冲动时，就能感觉到一种新的静默的力量随之一起成长，一种镇静的力量将与你同在。

从那以后，你的潜力将得到无限发挥，以往的混乱将对你失去作用，你现在所拥有的只是成功后的平静和自信。

随着新的力量的形成，一种被称为"直觉"的内在品质会被唤醒，你就再也不会被黑暗和迷茫所困，而是走在光明的道路上。

随着直觉智慧的发展，你的判断力和洞察力都会得到大幅提高。在做出判断之前，你就能感知即将到来的事情，因此你会得到指引。

内心改变的同时，人生观也会随着改变；你改变了对他人的看法，他人自然也会改变对你的态度。

通过培养强大、纯粹和高尚的思想，发展出直觉智慧，你的幸福被无限量强化，此时的你才能感受到因自我控制而产生的喜悦、掌控感和自由。

而这喜悦、掌控感和自由将不断从你身上散发出来，虽然你可能意识不到，但周围的人会被吸引到你身边，你开始对他们产生影响。因为改变了思想，你便能潜移默化地影响周围的环境。

"一个人最大的敌人一定是自己。"要用强大的自控力和乐观的心态去改变消极、邪恶的思想，而不是得过且过，放任自己。你是自己的主人，就像一个家的主人命令仆人或者邀请客人一样，你必须学会控制自己的欲望和思想，而不要被它们控制。

长期训练自己，你就会拥有意想不到的智慧，以及内在的平和与力量。

获得健康、成功、权力的三个秘诀

　　童话寄托着我们对理想生活的向往。儿时，我们幼小的心灵从未动摇过对主人公的信心，也从不怀疑他们最终能战胜所有的敌人。而且，我们知道帮助主人公的仙女向来都万无一失，她们永远不会抛弃追求真善美的人。

　　当仙女在最关键的时刻施展魔法驱散所有黑暗和困难时，我们心中总会升起无法形容的喜悦，并希望主人公"从此以后一直幸福"。

多年之后，我们对于现实越来越熟悉，心中美好的童话被渐渐遗忘，曾经的主人公也变成了记忆里朦胧、虚幻的影像。

虽然经历了成长的洗礼，我们认为自己已经足够有智慧、强大，但实际上，我们的人生道路又何尝不是儿时童话的第一种版本呢？

童话中的人物一开始总是很渺小，但是凭借着自己的善良和努力，他们到后来却有着无坚不摧的神奇力量。

在我们看来，这些童话人物之所以能实现超越，正是因为他们不断努力让自己的步伐与心灵的法则、世界的规律相协调。只有这样，才能获得真正的健康、财富和幸福。

唯有善良可以成为人的保护伞。这里的"善良"不仅要符合外在的道德规则，更主要的是拥有纯粹的思想、高尚的情操、无私的爱以及远离伪善。

哪里有善良的人格、纯正的信念和坚定的思想，哪里就有成功和力量。在这些地方，失败和灾难都没有立足点，因为在这里它们失去了生存的土壤。

从很大程度上来讲，身体状况受心理状况而影响，这点正在引起科学界的广泛讨论。比如一个消化不良的人，本来他只是偶尔肠胃不适，但如果他为此担忧过度，消化不良很可能会变成肠胃炎。相反，一些患上绝症的人，因为放下了日常生活中的埋怨、斗争、仇恨，反而出现了转机，甚至逐渐痊愈。在今后的生活中，"疾病皆有思想根源"可能会成为常识。

> 哪里有善良的人格、纯正的信念和坚定的思想，哪里就有健康、成功和力量。

世界上本没有邪恶，邪恶扎根于思想。罪恶、疾病、悲伤和痛苦其实并非普遍规律，并不是大自然与生俱来的，而是我们的无知和错误的行为导致的结果。

传说有一些住在印度的哲学家，过着非常朴素而简单的生活。他们当中的大多数人都活到150岁，如果谁生病了，在他们看来是不可饶恕的耻辱，他们认为生病是因为思想的不洁而导致的。

越早认识到疾病是自己的心理或罪恶导致的结果，人类就能越早踏上健康之路。

疾病常常困扰自私、软弱、心怀不轨的人，这些人的心理和身体都更容易出现问题；但疾病会远离那些思想强大、纯洁和积极的人，这些人永远都能以健康、乐观的态度面对生活。

如果一个人总处于愤怒、担心、嫉妒、贪婪或任何不和谐的心理状态中，还期望自己能够拥有健康的身体，那就是在期望不可能的事情。智慧的人会小心翼翼地避开这些思想，因为他们非常清楚这些思想的危害性非常大。

如果想要摆脱身体疾病，拥有健康的身体，首先要摆正自己的思想。让快乐、爱和善意这些灵丹妙药进入自己的思想，抛弃嫉妒、怀疑、担心、仇恨和自私放纵，你就能和消化不良、脾气暴躁、神经紧张和关节疼痛等疾病说再见。

但如果你非要持悲观沮丧的思想，就不要抱怨身体虚弱多病了，因为这一切都是你自己造成的。下面的故事说明了思想和身体状况之间的密切关系。

一个患有痛苦疾病的人试着去看了一个又一个医生，但都无济于事。后来，他还尝试了多种治疗方式，不料治疗之后，病情却加重了。

> 让快乐、爱和善意这些灵丹妙药进入自己的思想。

一天晚上，他梦见一个神仙来到身边对他说："兄弟，你是不是尝试过所有的治疗方式了？"他回答说："是的。"
神仙说："事实并非如此。你跟我来，给你看一个你没有
尝试过的沐浴治疗的方式。"

神仙把他带到一池清水旁，对他说："跳下水，你就
会痊愈。"之后神仙就不见了踪影。

于是，这个人就跳下了水，出来时，他的病果真好了。
他看到池子上面写着"断绝不良关系"几个字。醒来后，
此人回想着梦里的情景，审视内心，他才醒悟过来——原
来自己的罪恶和放纵才是疾病的罪魁祸首。此后他发誓一
定要与这些不良关系说再见。

后来的日子里，他实现了自己的诺言，从此痛苦开始
离他远去，他的身体也恢复了健康。

许多人都抱怨因为过度工作，身体已经垮掉了。而大
部分情况下，身体垮掉往往是愚蠢地浪费精力的结果。

如果你想拥有健康，就必须学会管理自己的工作方式，焦虑、担忧都会引起身体不适。

无论是脑力劳动还是体力劳动，都是对身体健康有益的。如果你能够把工作处理得井井有条，一定能远离忧虑和担心。对于脑子里没有工作规划的人，可能时时刻刻都只能看到眼前的工作，这样就会把自己搞得匆匆忙忙、忧心忡忡，更别说保持身体健康了。这种人很快也会丧失上天赐予的最大的福利——健康的身体。

真正的健康和真正的成功形影不离，因为在思想里，它们交织在一起，密不可分。精神和谐能够保持身体健康，也能够让你更好地工作。

信念的力量可以让你对每项工作的热情都持久。只要你对支配事物的规律有信心，对自己的工作有信心，对完成工作的能力有信心，你就能够在竞争激烈的工作环境中屹立不倒。

在任何情况下，你都要遵从内心的最高指示——忠于自我，依靠内在的力量，用无所畏惧的宁静之心去追求目标，相信将来自己的每个想法和努力都会得到奖赏。你会了解，宇宙万事万物的运行规律永远不变；唯有意志将和你永远同行，带领你走向成功。

信念的力量会打破半信半疑的状态，困难在它面前将会退缩直至被击倒。有坚定信仰的人能安然跨过任何困难。

无论你被抛弃在痛苦的深渊里，还是已经攀上了成功的高峰，都要永远保持信念，只有它能成为你的避难所，让你在任何情况下都能抵御世事的变化。

如果你拥有信念，就不会为自己暂时的成功而洋洋自得，也不会因一时的失败而一蹶不振，因为你知道这都只是暂时的。在成功的路上，肯定会有高潮，也肯定会有低谷。

同时，你也不必担忧结果，只要认真踏实地工作，必定会得到令人欣喜的结果。

我认识一位女士，在别人看来，她是个非常幸福的人。一位朋友对她说："你多幸运呀！想要什么就有什么！"从表面上看，的确如此。但实际上，这位女士生活中所有的幸福都是她克服了诸多困难并不断提升自己而获得的。

但对于大多数的人来说，他们的理想永远停留在空想阶段。一旦遇到了现实的困难，他们便停止了想象，似乎这能够及时止损。可是，只有希望而没有行动，结果永远只会是失望。这就是生活的真相。

愚蠢的人，在幻想中抱怨；智慧的人，在工作中等待机会。

你和任何一位成功人士都没有差别——任何人都会接受生活带来的挑战。你的成功、失败、人际关系和所处的环境都跟你的想法和决定有关，你才是决定它们的主要因素。

若你散发着爱、纯洁和快乐的气场，幸福便随之而来，成功就会降临。若你散发着仇恨、不洁和不快乐的气场，恐惧和不安就会悄无声息地降临。

让自己的心变得宽广、慈爱和无私，这样即使你赚钱不多，你的魅力也会给你带来很多机会。但如果心限制在私欲的牢笼里，即使你腰缠万贯，你的成功和影响力最终也会大打折扣。你必须让自己由内而外地发生变化，培养乐观、无私、坚持不懈的品质，这会带来健康、成功和力量。

如果你讨厌现在的职位，你就不会安心工作，但你仍须细心、勤奋地履行职责，同时抱有美好的理想，想着更好的职位和机遇正等你来；最好还要保持积极乐观的精神风貌，争取任何潜在的机会。唯有如此，当机遇到来，当新的职位摆在你面前时，你才有充分的准备。

无论你当下的任务是
什么，都要全神贯注地去
完成，把所有精力都投入
进去。小任务完成得好，

才能完成大任务。务必让自己在稳定中求进取，这样才不
会摔倒。这也是真正的力量形成的过程。

想要获得战胜一切的力量，你就必须锻炼自己镇静的心
态和忍耐力，而且要能够独立。如果你能做到坚定不移，就
能够产生极其强大的力量。橡树在遭受狂风暴雨时，会展示出
平日里察觉不出的力量，因为它们能在恶劣的环境中保持挺立。

相比之下，弯曲的嫩枝、摇动的芦苇则失去了平日里的光彩，它们会随着外界的变化而变化，不具备独立性，环境一改变就无法生存。

一个有力量的人在所有同伴都被某种情感左右时，仍然能保持镇静、毫不动摇，那么他就会脱颖而出，成为指挥、带领他人的人。

歇斯底里、忧心忡忡、轻浮草率的人都需要同伴，因为没有同伴的支持，他们会倒下；而镇静、无畏、坚定的人，则可以独处。他们可以独自去探索森林、沙漠和高山，这样他们能够获得更大的自信，进而在自己的领域中获取更大的成功。

激情并不是真正的力量，它是短暂易逝的。如果把激情比作狂风暴雨，真正的力量更像是风雨中

想要获得战胜一切的力量，你就必须锻炼自己的镇静和忍耐力，而且要能够独立。

的岩石，因为它从始至终都保持沉默、岿然不动。

马丁·路德[1]不顾朋友们的劝阻，不顾自身的安危，毅然决然地去沃尔姆斯，他还对朋友们说："即使沃尔姆斯的魔鬼像屋顶上的瓦一样多，我也愿意去。"这便是真实的力量。

如果把激情比作狂风暴雨，真正的力量更像是风雨中的岩石，因为它从始至终都保持沉默、岿然不动。

1.16世纪欧洲宗教改革运动的倡导者。

本杰明·迪斯雷利在一次会议的讲话中出了丑，引起众多议员的嘲笑，但他在那一刻十分镇静，他掷地有声地回应道："总有一天，你们会因为听我的演讲而感到荣幸无比。"

我认识一个年轻人，他连续遭遇了挫折和不幸，还受到朋友们的嘲笑。朋友们甚至劝他放弃无谓的努力，他回答说："过不了多久，你们一定会为我的成功感到惊奇。"之后他的确证实了自己所说的话，他所拥有的静默和坚定的力量，让他战胜了无数艰难困苦，取得了不可思议的成功。

如果你不具备这种力量，也许可以通过练习获得，一旦你开始积蓄这种力量，智慧之门也将打开。你必须远离那些无意义的小事，因为这些小事才是导致你分散精力、走向失败的原因。

漫无目的地闲谈，造谣中伤，传播小道消息，以及挑拨离间，所有这些琐事都必须放在一边，因为这些事情都会浪费你宝贵的时间和精力。

当你不再受这些分散精力的琐事影响时，你才能明白什么是真正的力量。然后，你将能与自己根深蒂固的欲望与习惯做斗争，扫清让你获得进一步发展的障碍。

首先你要制定明确的目标，这个目标必须是正向的，而且要有意义。接下来便是全力以赴、不受任何事情干扰地去做。心绪飘忽不定的人，各方面都不会稳定，这个事实该牢记。

人要渴望学习，但不要轻易向别人祈求什么，只有亲身经历的事情才能转化为经验。所以，你应当透彻了解自己的工作，让它真正成为自己分内的事情，而不是以打工者的心态去做事情。工作时，要永远遵循内心的指南，遵循客观规律，如此你就会从一个胜利走向另一个胜利，并逐步到达更高的目标，你的前景也就会越来越广阔。

学会自我净化，健康就会属于你；学会坚定信念，成功就会属于你；学会自我管理，权力也会找到你。这是生命中的一种必然规律，顺应它就能获取相应的果实。

　　总而言之，保持纯洁的心灵和清晰的头脑，就是健康的秘诀；保持坚定的信念并持续性地努力，就是成功的秘诀；培养坚强的意志并控制住欲望的野马，就是权力的秘诀。

超越自私，才会拥有幸福

每个人都希望获得幸福，在大多数人的眼中，幸福取决于金钱的多少。于是，绝大多数人都渴望变成富有的人，他们相信金钱会带来强烈的、持久的幸福。

但对于有钱人来说，当他们满足了自己的各种欲望和兴趣以后，会体会到空虚和无意义之感带来的痛苦，他们的幸福指数甚至不如穷人。

如果我们思考一下，不难看到真相，那就是幸福与金钱没有必然的联系——有钱人不一定幸福，而穷苦的人不一定痛苦。因为如果幸福和钱财成正比，应该越富有的人越幸福，而越穷的人越痛苦。但事实并非如此。

在我认识的人中，最可怜的莫过于被财富和奢侈的生活耍得团团转的人；而最幸福快乐的人，反而是那些仅拥有基本生活必需品但懂得知足的人。

许多已经积累了足够财富的人承认，在获得财富的同时，一种自私的满足感已经夺走了他们生活中的甜蜜，自己再也没有贫穷时那样开心了。

什么是幸福，如何才能得到幸福呢？难道幸福是虚幻的错觉，只有经历长期的痛苦之后才能够换来幸福？认真观察思考以后，我们会发现，除了真正有智慧的人以外，大多数人对于幸福的理解停留在"满足某种欲望"的层面上。

正是这种无知的理念，加上不断用自私、偏执的信念去寻找幸福，才造成了世人的痛苦。

一部分人明白自私是一切不快乐的源泉，但他们往往又会错误地认为：自私的都是别人，而不是自己。

如果你了解到所有的不快乐都是自私的结果，那你离幸福之门就不远了，但只要你还认为是别人的自私剥夺了你的快乐，你就仍然会待在自己创造的牢笼里，继续在那里做囚徒。

其实，幸福是完全满足的一种内心状态，这种满足超越了欲望，是征服种种欲望之后的平和与淡然。为了满足某种欲望而得来的，只是短暂、虚幻的幸福，因为一个欲望后面总会跟着另外一个更大的欲望。

欲望如同海水一样，越喝越渴，让人始终处于躁动的状态。

自我是盲目的，没有理性判断，没有正确的目标，就会导致痛苦。而正确的领悟、公正的判断和正确的目标，是智者才会拥有的状态。只有达到这种意识状态，你才会明白什么是真正的幸福。

正是这种无知的理念，加上不断用自私、偏执的信念去寻找幸福，才造成了世人的痛苦。

如果你自私自利，执著于满足欲望，幸福就会离你越来越远，你所收获的只能是苦难的果实。如果你能在服务于他人的同时遗忘自我，幸福就会来到你身边，你所收获的也将会是幸福的果实。

依附自我，你就会依附悲痛；放弃自我，你就会感受到平和。自我本身就是一个虚幻的概念，执著于满足自我的感觉会与幸福渐行渐远。

> 欲望如同海水一样，越喝越渴，让人始终处于躁动的状态。

对于贪婪的人来说，四处寻找美食，也无法满足日益增大的胃口；对于抑郁症患者来说，四处品尝美食，也无法感到心情舒畅。因此，美食并不是幸福的关键因素。

明白了这一点，人就能控制住自己的胃口，从此再也不会四处寻求美食，而且再也不想满足味觉的快乐，这样便能在粗茶淡饭中找到简单的喜悦。

当你不再自私，愿意放弃自己的欲望时，幸福将会来到你身边。总有一天你会发现，原来看似对你非常残忍的损失，最终将成为你极大的收获。

没有舍，便没有得。紧紧握住一切痛苦的来源的人一定要学会放弃，这就是生活之路。

如果你回顾一下自己的生活，会发现最幸福的时刻是你说一些宽慰别人的话或做一些献出自己爱心的事情，让别人感到快乐的时候。从这个角度来说，幸福与奉献是同义词。

付出便是得到，这是一种自然规律。爱别人的人，自然也会得到别人的爱。相反，如果一个人自私、吝啬、不愿付出，那么他如何收获爱和幸福呢？

因为认识到了放下自我是博爱的前提，所以当我们在音乐、艺术中忘却自我时，便能体会到幸福。

众人皆忙碌地四处奔走，盲目地寻找着幸福，却怎么也找不到，因为当他们自私地搜寻幸福时，已经把幸福关在了门外。其实幸福一直都在人们心中。

牺牲了个人的利益和暂时的享乐，你就会马上进入客观和永恒的境界。放弃狭隘局促的自我，不要力求让一切都服从于自己狭隘的利益，你将会变得博爱、幸福。

如果你还未找到这无限的幸福，可以给自己定一个崇高的理想，坚持给予无私的爱和奉献，并朝着它努力，就能把它变为现实。

当你超越卑鄙的自我，打破束缚自己的一个又一个枷锁时，你就会享受奉献的快乐，感受到与贪婪、痛苦截然不同的美好品质——爱和光明。这些都是来自你的内心。然后，你才会明白"给予的确比索取幸福"。

但是，给予必须发自内心，不带有任何自我私欲的污点，不带任何要求回报的企图。如果你给予后仍然觉得自己受到了伤害，那是因为你没有受到感谢和夸赞，此刻你就知道你受伤不是因为给予，而是因为你仍贪图回报，是贪心让你不快乐。

在奉献的时候忘记自己，这就是幸福的秘诀。

永远提防自私，认真地学习放下小我这神圣的一课，你就会登上幸福的最高峰，而且永远散发着爱的光芒，沐浴在光明之中。

外在的成功，始于内在的富有

只有做到诚实正直、坦率真诚、慷慨守信、宽容无私，你才能真正走向成功。因为成功和幸福一样，并不是外在物质的占有，而是内在实现。

贪婪的人可能会成为百万富翁，但他的内心永远都处在卑劣、吝啬和贫穷的状态之中。不论他多么富有，都无然消除内心的贫瘠感；尽管有的人没有那么多财富，但是正直、慷慨、包容和无私的品质会让他品尝到成功和胜利的喜悦。

一个人心中充满不满，就会永远贫穷；如果能知足常乐，就会富有。如果在知足常乐的同时，还能慷慨付出自己拥有的东西，这样的人就更加富有。

与整个世界相比，人们盲目追求的一些财富、地位微乎其微。这样的事实让我们看到了自身的渺小和无知，自我追求其实就是自我毁灭。

大自然毫无保留地给予人们一切，其实它什么也没有失去。但人类若想贪婪地抓住大自然的一切，就会失去一切。

如果你没有意识到成功的真正含义，可能会效仿大多数人的做法——竞争。但争名逐利会让成功的性质发生改变，请不要让"竞争"这个词动摇你至高无上的正义信念。

可能有人会提到"优胜劣汰"，但是不怀好意地去攀比、打击别人的人，迟早有一天会走向失败。而正直的人可能会暂时吃亏，但最终会因为赢得人心而获得成功，这才是不变的规律。

大自然毫无保留地给予人们一切，其实它什么也没有失去。但人类若想贪婪地抓住大自然的一切，就会失去一切。

了解了这一点，人们可以认真地反省所有不诚实的行为。因为如果一个人不诚实，等待他的便是失信与毁灭。在任何情况下，都要去做你认为正确的事情，并相信这个规律——正义与公道绝对不会抛弃你，你永远都会受它保护。

有了这样的认知，你所有的损失都会变成收益，所有的威胁、诅咒都会变成祝福。千万不要放弃诚实、慷慨和爱，因为这些品质加上行动的力量，会给你带来真正的成功。

当有人告诉你始终要把自我放在第一位，然后才是别人时，不要理会他。因为想着这一点的人，根本不会想到别人，他只想着自己舒服而已。

在现实中，把自我放在第一位的人，将会迎来被所有人都抛弃的那一天。当他在孤寂和痛苦中大喊大叫时，没有人会听到并且去帮助他。不考虑别人，先考虑自己，就是在限制、歪曲和阻碍内在的高尚品德。

让你的心胸变得宽广，用爱和慷慨对待他人，你的快乐就会巨大而持久，成功将永远站在你这一边。那些离开正义之路的人，不得不常常提醒自己要提防竞争对手的陷害；而那些始终坚持正义的人，因为品行端正，从来不会担惊受怕。

这绝对不是空洞地说教。在面临竞争时，有人凭借诚实和信念的力量，丝毫不惧，稳步上升，最终走向成功。反观那些企图在竞争中使用各种手段打压别人的人，最后会落得一败涂地。

总之，只有具备善良的内在品质，才能抵御一切邪恶力量，获得坚不可摧的成功，拥有持久的幸福。

格局
提升境界 第三章

精神上的自由，来源于思想上的自律

冥想是通向精神自由的必经之路。它是一架神圣的梯子，能让人们从地狱走向天堂，从错误走向真理，从痛苦走向平静安宁。每一个圣人都曾攀爬过它，每一个罪人迟早也要通过它才能得到救赎，每一个疲惫的人想要超越自我和世俗找到自己心中的幸福，必须牢牢地踩着冥想这个闪着金色光芒的阶梯。没有冥想的帮助，你不可能进入一种觉醒的状态。

冥想就是把思想高度地集中于一个对象，例如一个念头或某种问题，其目的就是要彻底地理解它。无论你冥想的对象是什么，只要你能够持之以恒地对其进行冥想，你不仅能够增进对它的理解，同时会变得与之越来越贴近，因为它将成为你的精神世界中不可分离的一部分。倘若你一直都把思想停留在自私与卑鄙上面，那么你最终一定会变得自私与卑鄙。与此相对的是，倘若你一直都把思想集中在纯粹与无私上面，那么你最终肯定能够成为一个纯洁、无私的人。

告诉我你内心最常想到的是什么。在你默想的时候，你的灵魂大都本能地偏向这些地方。然后，我将能够告诉你，

你即将面对痛苦还是幸福，或者你会成为一个高尚、圣洁的人还是一个低劣、邪恶的人。

冥想的对象应该是高贵的，而不是低俗的，因为这样，每进行一次冥想，你的优良品质就能得到一次加固和提升。另外，你的冥想应该是纯粹的，不应该混合任何自私元素。这样一来，你的心灵将得到净化，你也将更能接近真理的本来面貌，从而避免误入歧途，犯下令自己追悔莫及的错误。

> 冥想是通向精神自由的必经之路。它是一架神圣的梯子，能让人们从地狱走向天堂，从错误走向真理，从痛苦走向平静安宁。

我现在所探讨的冥想，指的是精神意义上的冥想，是所有精神生活得以升华和知识得以拓展的秘诀所在。每一位先知、圣人之所以能成长为先知、圣人，所依靠的就是冥想的力量。

只进行单纯的请愿式的祈祷而没有冥想实践的人如同一具没有灵魂的躯壳。这样的人丝毫没有力量去升华自己的精神境界，也完全不可能让自己的心灵战胜罪恶、抚平伤痛。倘若你每天都在祈求智慧、平静、纯洁和真理，然而这些却仍拒你于之千里之外，那么就意味着你的思想和行为并不完全一致。

　　如果你想改变这样的状况，就不要仅仅停留在简单的幻想之中。如果你不再请求上天给予你不值得拥有的馈赠，而是专注于思考和行动，那么你将会不断成长，最终实现心中的理想。

一个人要确保任何世俗的利益，都必须乐意为自己的目标努力奋斗。而那些游手好闲，觉得自己不需要付出任何劳动，只需提出要求就能够如愿以偿的人，的的确确是十分愚蠢。不要徒劳地想象自己不需要付出任何努力就能得到从天而降的财富。一旦你开始认真工作，面包就会有的。当你依靠坚持不懈和无怨无悔的努力获得了精神上的富足时，没有人能阻止你得到自己想要的。

如果你真的只是在寻求真理，并不是为了满足自己的私欲，如果你爱它超过所有世俗的快乐，甚至如果你爱它远远超过自己，你将会拥有源源不断的动力。

如果你想脱离罪恶和悲伤，如果你想让心灵变得美丽、纯洁，如果你想拥有智慧和学识，并进入到深刻而持久的平和状态，那么请你现在就走上冥想的道路，把通过冥想获得真理定为你的最高目标。

最初，必须将冥想与空想区别开来，冥想与不切实际的空想毫不相关。它是一个探索的过程，是一种除了简单和赤裸裸的真理，对其他任何思想都毫不妥协的思想。因此，冥想让你不再对重塑自我抱有偏见，你会完全忘却自我，只记得自己是在寻求真理。你将能一点一点删除那些在过去所犯下的错误，耐心地在追求真理的道路上孜孜以求。当真理的启示被揭示之时，你的错误就在这个过程中被充分除去了。在静谧的内心世界里，你将会发现：

"真理一直存在于我们心中，我们一直拥有清晰地感知真理的能力。但是，充满各种诱惑和偏见的世俗生活如同

一扇百叶窗，它会遮挡真理的阳光，使我们看不清真相，从而误入歧途。"

但你要知道的是，只要你调整了百叶窗的叶片角度，阳光便会照射进来。

选择一天中的部分时间来沉思，并坚持一段时间专注于你的目标。一天当中进行冥想的最佳时间，应当是清晨。因为在这个时间，你的精神和万事万物一同苏醒过来，所有的自然条件都对你十分有利；经过一整晚的休息，你的体力得到恢复，你的心境变得柔和，前一天的兴奋和忧虑随之消散，此时强大而平静的心灵最容易接受冥想的指导。事实上，当你进入冥想时，你要做出的第一个努力，就是要摆脱嗜睡和放纵。如果拒绝，你将无法前进，因为满足精神需求是必要的。

精神上的觉醒，也是头脑的觉醒和身体的觉醒。懒惰和自我放纵的人永远也无法认识到真理。一个人虽然拥有健康的身体及充沛的精力，但倘若只是把安宁、宝贵的清晨时光都用于睡觉，那么他根本就无法攀登人生的高峰。

意识的觉醒已成为一个人能否变得高尚的因素。谁能够尽早摆脱无知，打破这无知、黑暗的笼罩，全心全力地和黑暗搏斗，就能实现获得光明的愿望。

没有一位圣人、没有一位贤哲、没有一位真理的导师是没有早起习惯的。耶稣习惯早起爬上高山参加圣餐，佛陀总是在太阳升起前一个小时醒来开始冥想。

如果你不得不在清晨就开始做自己的本职工作，因而无法把这段宝贵时光用来进行系统性的冥想，那么试试在晚上抽出一小时的时间。哪怕你的日常工作是长时间和高强度的，也千万不要为此感到无望，因为你完全可以在工作的间隙来进行冥想。著名的哲学家伯麦正是在当鞋匠的时候一边做鞋，一边坚持冥想，才意识到渊博的知识是多么神圣。可见，忙碌、辛苦的工作都无法将你关在冥想的大门外。

精神上的冥想和自律是密不可分的，你会因此开始思考自我，尝试了解自己，把彻底清除自己的错误和揭示真相作为一个

> 谁能够尽早摆脱无知，打破这无知黑暗的笼罩，全心全力地和黑暗搏斗，就能实现光明的愿望。

要努力达到的目标。你会开始质疑自己的动机、思想及行为，然后把它们与你的远大理想做比较，努力地想要以一种冷静和公正的眼光看待它们。借助这种方式，你将不断获得更多心理上和精神上的平衡，从而开始变得敏锐，

不再对自己和他人的行为过分苛责，随后你会沉浸在爱、温和与宽恕的思想中。当你从较低的思想境界进入较高的思想境界时，你会逐步地进入知识的殿堂。因此，每一个错误，每一个自私的欲望，每一个人类的弱点，都可以用冥想的力量去克服。每种罪、每个错误都会变成改变的推力，最后，更清晰的真理之光将照亮思想者的灵魂。

通过冥想，你将战胜自己唯一真正的敌人——自私和堕落，不断强化自身，建立起越来越牢固的、神圣的以及与真理不可分割的自我。它带来的平静

> 每种罪、每个错误都会变成改变的推力，最后，更清晰的真理之光将照亮思想者的灵魂。

的精神力量将成为你努力奋斗的休憩之所。在冥想的过程中，一点一点累积的力量和知识将会丰富你的心灵，并将你从暂时的冲突、悲伤或诱惑中拯救出来。

通过冥想，你的智慧会不断增长，你会放弃越来越多

那些多变且无常的自私欲望，能够越来越多地减少悲伤和痛苦，会越来越坚定地相信不可变更的定律，从而获得心灵的平和。

让冥想带着你超脱现在已形成的定势思维，记住，你的目标是成长为一个坚定不移的真理主义者。如果你是一个正直的人，试着不断冥想圣人和智者那一尘不染的纯洁、神圣以及卓越的人格，并将他的每一个教诲用来武装内在的思想和指导外在的行为，这样你将越来越接近完美的人格。不要像有些人一样，拒绝思考真理的定律，拒绝将戒律付诸实践，否则，将只是一种形式上的崇拜。执著于特定的教条，只会继续无休止地产生罪恶和痛苦。通过冥想的力量，努力克服一切自私自利，一改自己对一切都漠不关心的不良习惯，打破毫无生气的条条框框，才能行走在智慧的高速路上。心系完美无缺的真理，你就会与真理愈来愈近。

只有专注于沉思的人才能最先感知到真理的存在，同时，只有真正的实干家才能掌握真理。只在心中想想，真相永远只能停留在知觉上，要使真理变为现实只能通过实践。

佛陀释迦牟尼称："饱食终日，无所事事，根本不进行冥想的人，已经忘却了人生的真正意义和欢乐。总有一天，他们会嫉妒那些能够静下心来冥想的人。"释迦牟尼曾以下面的"五大冥想"来教导他的弟子们：

"第一大冥想，就是对爱的冥想。在这个过程中，你端正了自己的心态，关心一切众生（包括敌人）的疾苦和福祉。

"第二大冥想，就是对慈悲的冥想。在这个过程中，你想到了所有人所遭受的苦难，在想象中生动地感受了他们的痛苦和焦虑，从而激起对他们的深刻同情。

"第三大冥想，就是对欢乐的冥想。在这个过程中，你想到了其他人所过的红火日子，看到其他人充满欢乐，你内心也能够感到十分欢乐。

"第四大冥想，就是对不纯洁的冥想。在这个过程中，你认识到了种种罪行的危害，以及罪恶与疾病的可怕后果，并愿意改过自新。

"第五大冥想，就是对宁静、安详的冥想。在这个过程中，你超越了个人的爱与仇恨、专制与压迫、财富与欲望……以一种完美的平静心态来看待自己的命运。"

佛陀的弟子们正是依靠这五大冥想，达到了真正参透世事的目的。然而，只要你把真理设定为目标，只要你一心渴望得到一颗正直的心和一个完美的人生，那么你是否进行上述沉思已无关紧要了。因此，你在冥想的过程中，更重要的是让自己的心灵在爱的光芒的照耀下得到升华，直至能够摆脱所有的仇恨，不被情绪左右，不怨天尤人。你应当用广博的爱心去拥抱整个宇宙。如同花儿绽开花瓣迎接晨光一般，当你越来越多地向所有生灵敞开你的心扉，你的心灵将能得到净化，生命将会得到升华。这一切都取决于你，你应当无所畏惧，大胆地去相信：相信自己可以成为一个平易近人的人，相信自己可以拥有纯洁无瑕的人生，相信完美神圣的人生目标可以实现，相信至高无上的真理可以被认知……相信这些的人，能够快速登上人生的高峰；而那些不相信的人，则只能在大雾弥漫的山谷中痛苦地摸索。

　　相信着、寻求着、冥想着，爱与平和将成为你生活的主旋律，你的内心世界将变得美丽无限。物质世界的所有东西都将消逝，万事万物都在不断更新。这个简单的道理，对于人们的眼睛来说是如此难以看清，只有对真理有着孜孜不倦的探索，才能够认真将这个规律刻在心上。倘若你能理解这个规律的奥义，一个崭新的精神世界就会在你面前展现。那时，时间将凝固不变，你将生活在永恒的平和之中。未知和死亡再也不能让你忧心如焚、悲痛难抑，你的精神会不朽。

突破自我，才会洞彻真理

　　在人们的生命中，有两位"君主"在永不停歇地争夺着，它们争夺的对象便是精神世界的统治权。一位君主是自我，另一位君主则是真理。自我这位君主难以控制，它

的武器是变化无常、傲慢、贪婪、虚荣、任性，以及制造黑暗；真理这位君主则和蔼可亲，它与自我正好相反，它源源不断地带来温柔、耐心、纯洁、奉献、谦卑、关爱，以及光明。

在每一个人的内心世界里，战争是不可避免的，而士兵绝不可能同时加入到两支敌对的部队，因此每一颗心不是加入到自我的行列之中，就是加入到

———— ∾∾∾∾∾∾ ————

在人们的生命中，有两位"君主"在永不停歇地争夺着，它们争夺的对象便是精神世界的统治权。一位君主是自我；另一位君主则是真理。

———— ∾∾∾∾∾∾ ————

真理的行列之中。不存在一半的心属于自我，而另一半的心属于真理的情况。"自我存在着，真理也存在着；在自我占据统治地位的地方，就不会有真理的立足之地；在真理占据统治地位的地方，就不会有自我。"释迦牟尼和耶稣都宣称："一个人不能同时侍奉两位主人；因为他要么恨这一位而爱另一位，要么追随这一位而背叛另一位。你不可能既追随真理，又追随欲望。"

真理是如此简单，绝不会让人迷失方向，毫无复杂性和曲折性可言。但自我是取巧的，并工于心计，被微妙的欲望统治，会无休无止地生出事端。受自我迷惑的人，会既妄想他们所有世俗的欲望都能够得到满足，又能同时拥有真理。然而，热爱真理、追求真理的人则借助奉献自我，不断地保卫心灵不受世俗和自私的腐蚀。

你想要了解并拥有真理吗？如果你愿意追寻真理，那么你必须做好奉献的准备，最好是与自我完全断绝关系。因为只有当最后的一点自私也消失时，真理本身的光芒才能被感知和了解。

你愿意抛弃自私，放弃你的欲望、你的偏见、你的傲慢吗？如果你愿意，你将踏上真理的道路，最终找到彻底的平和。对自私的绝对否定和完全抛弃就是真理的完美状态，所有的宗教和哲学都是达到这一最高目标的辅助手段。

自我是对真理的否定，真理又是对自我的否定。当你的自私消亡时，你将会在真理的道路上获得新生。当你只知坚持自我时，真理便会离你而去。

真理是宇宙间的一种现实，一种内在的和谐，一种完美的正义，一种永恒的爱。真理不需要附加什么，也不能被剥离什么。它不依靠任何人，但是所有的人都需要依靠它。当你透过自我的双眼看待这个世界时，你无法感知到真理的存在。如果你爱慕虚荣，虚荣心会促使你粉饰一切。如果你贪得无厌，你就会被欲望的火焰包围，你眼中的一切都会因为它们而被扭曲。如果你是骄傲和武断的，在整个宇宙中，你将什么也看不见，认为只有自己的意见才是最重要的和真正有分量的。

有一种品质能够将追随真理者与追随自我者完全区分开来，那就是谦逊。没有任何虚荣、固执与自私，这种品质便是谦逊。

那些处处以自我为主的人，总认为自己的观点是正确的，而将其他人的观点都看作错误的。谦卑的热爱真理者会学习区分是非，总是用慈爱的眼光去看待一切人，从不苛求捍卫自己的观点，即使做出牺牲，也只是因为随顺他人，这就是一种真理精神的体现，因为真理的本质难以用言语表明，只能徜徉其中才能体会。拥有更多爱心的人就会拥有更多真理。

许多人热衷于同他人进行激烈的争论，并且愚蠢地认为，自己这么做是在捍卫真理。而实际上，他们的所作所为，仅仅是在维护他们自己的小利益和不堪一击的观点。追随自我的人，拿起武器攻击别人；追随真理的人，拿起武器反对自私。真理，是不可更改和永恒的，是独立于我们意识之外的。我们有可能揭示真理，也有可能徘徊在真理的大门外。但如果我们对真理采取防御和攻击的态度，结果只能是自取其辱。

> 追随自我的人，拿起武器攻击别人；追随真理的人，拿起武器反对自私。

人们受自我、情绪、骄傲和偏见的局限，只相信自己的观点和信仰才是真理，而其他所有的观点和信仰都是错误的，甚至会热情高涨地试图改变其他人的信仰。事实上，世界上只有一种宗教，那就是真理；只存在一种错误，那就是过于自我。真理并非一种迷信，它是一颗无私的、神圣的、有着崇高追求的心。谁能够平等地看待万事万物，珍惜所有慈爱的想法，谁心中就掌握了真理。

如果你能够静下心来，认真地反省你的思想、行为和心灵，你可能很容易地就能知道自己究竟是一位真理的追随者，还是一位自我的追随者。你的内心是一直心藏怀疑、仇恨、嫉妒、欲望、傲慢的情绪，还是在不断地同它们做斗争呢？如果是前者，无论你信仰的是何种宗教，你都给自己套上了自私的枷锁；如果是后者，尽管你对外宣称自己并不信仰任何宗教，但无疑你是真理的追随者。你是生性急躁、固执己见、急功近利、自我放纵、处处以自我为中心，还是和蔼可亲、大公无私、淡泊名利、自我克制，为了他人的利益甚至不惜自我牺牲呢？如果是前者，那么自我就成了你的主人；如果是后者，那么真理才是你的心之所爱。你在为物质财富而疲于奔命吗？你在热血沸腾地为自己的党派利益而斗争吗？你对权力和地位充满欲望吗？你沉迷于自我炫耀和自吹自擂吗？或者你已放弃对名利无休止的追求了吗？你跳出与人争执不休的怪圈了吗？你满足于身处卑微之位，不被他人注目吗？你已不再自我吹嘘、骄傲自负了吗？从这些问题之中，想必你已经清楚地认识到"自我"与"真理"这两位君主谁更占上风了。

倘若人们迷失在黑暗与自私的迷宫，便会设立一些标准来相互评判，并固执己见，各自认定自己的信仰就是真理。于是人类分裂为一个一个的帮派，人与人之间只会相互斗争，敌对与冲突绵延不断，并且造成无尽的悲伤和痛苦。

亲爱的读者，你确定要追寻真理吗？如果你回答是，只有让自我没有生存之地才能实现这个目标。将那些习以为常的欲望、意见和偏见扔掉，让它们不再把你束缚，那么接下来真理将会逐渐展露。不要再认为自己信仰的宗教比其他人所信仰的宗教都优越，同时应该以谦虚的态度，努力学习好仁慈这一课。不再保持这个想法，不再认为自己所敬仰的救世主是唯一的救世主，而其他众生以同等的真诚和热情所敬仰的救世主只是伪救世主；应该努力地寻找真理的道路，随后你就会意识到，每一位圣者都是人们的引路者。

放弃自我不仅是和外在的物质财富脱离关系，它还包括放弃内心的罪恶与错误。不能依靠扔掉闲置的衣服，放弃某些物质财富，禁吃某种食品，也不能仅仅依靠说些文雅的语言。如果仅仅停留在这样的地步，你就不可能发现真理。要想发现真理，就必须通过放弃自己的虚荣心，消除对金钱贪得无厌的欲望，严于律己，不自我放纵，抛弃所有仇恨、斗争、谴责和自私，成为一个内心善良、纯洁无瑕的人。不从内心入手，是虚伪的形式主义，因为你的内心已经决定了你的言行。你可以躲开纷纷扰扰的外部世界，独自一人生活在一个山洞里，或者生活在一望无际的森林深处，但追逐私利的自我仍然会随你而至，除非你依靠不断的努力与它告别，否则你只会陷入巨大的不幸和深切的妄想中。你可能会一直待在一个喧闹的地方，并不是一个人躲在偏僻之处，但如果你仍履行职责，并消灭了内在的敌人，那你就是胜利者。生活在这个世界中，却又能超脱这个世界，这才是最高的境界、最伟大的胜利。寻找真理的道路，就是告别追逐私利的自我的过程。

倘若你成功地克服追名逐利的自我，那么你将能够正确地看待一切事物之间的关系，在你的眼中，这个宇宙有一种完美的秩序。一个人以自己的情绪、偏见、个人好恶这些特定的标准来判断一切事物，那么他将不能正确地看待事物，他所看到的只是自己的错觉。一个人倘若能不以自己的情绪、偏见、个人好恶及偏袒为依据来判断世间万物，他就能够看到真实的自己，也能够看到真实的他人；此外，他还能够适当地认识事物并正确判断事物之间的关系。一个人若没什么可攻击的，没什么可防守的，没什么可隐瞒的，也没有什么利益需要维护的，那么这个人已经实现了心境上的宁静。因为他毫无偏见，宁静、幸福的心境和状态正是真理的状态，因此可以说，他已经发现了真理的简单之处。一个人倘若了解伟大的定律，了解悲伤的根源，了解痛苦的秘密，了解掌握真理的途径，那么他怎么也不会卷入与他人的斗争和冲突之中。他不仅知道人们依旧盲目、利己、被自己的偏见所包围，处在自我的错误和黑暗之中，无法察觉到坚定的真理之光，也完全无法理解心灵原本的质朴，而且知道依旧有人会在经历悲伤、痛苦、绝望之后幡然醒悟，每一个徘徊于真理之外的浪子最终会回到真理的怀抱。于是他会用善意看待这个世界，怜悯所有人，就如同一位父亲对待自己任性不已的孩子。

只要固守自我，就没有办法理解真理。因为人们只相信自我，热衷于自我。人们相信自我是唯一的现实，而这恰恰只是一种错觉。当你不再相信和热衷于自我时，你就能够抛弃它，并且能够向着真理飞翔，找到永恒的真理。人们陶醉于奢华、享乐和虚荣，对这些享受的沉迷让其渴望更长久的生命，希望能享受到更多，幻想自己能够长生不老。俗话说，种瓜得瓜，种豆得豆，当人们去收获时，因为未曾播种，接踵而来的总是痛苦与悲伤。随后，人们从苦难和羞辱中觉醒，痛定思痛，决心清除自我的一切毒素，带着一颗伤痛的心达到了一种不朽的境界。

人们需要走过悲伤的黑暗大门，才能从邪恶转变到善良，从自我转变到真理，因为悲伤与追逐私利的自我密不可分。只有获得一种平静的心境，沐浴着真理之光，才能够化解内心的悲伤。如果你对自己制订的计划已被挫败，或者某人没有达到自己的期望而感到痛苦、失望的话，那是因为你以自我为中心。如果你懊悔自己的行为，这是因为你向自我屈服了。如果你因为别人对自己的态度不好而愤怒，那么说明你过分自我。如果你因别人对你做了些什么或者对你说了些什么而感到受伤，那么说明你正走在自我的痛苦道路上。所有的痛苦都来源于自我，只有真理才能将其终结。倘若已经走在实现真理的道路上，你将不会再遭受挫折，

当你不再相信和热衷于自我时，你就能够抛弃它，并且能够向着真理飞翔，找到永恒的真理。

感到失意、悔恨和懊恼，就连悲伤也将离你而去。

你曾遭受过很多磨难吗？你的内心曾体会过深深的悲伤吗？你认真思考过人生的问题吗？如果答案是肯定的，那么你就在为向你的自我发动战争做准备，而且有朝一日你会成为一位真理的拥有者。

有知识的人认为没有必要放弃自我，提出诸多有关宇宙规律的理论，并称它们为真理；然而倘若你在追求真理的道路上进行了长期的实践，你将了解到宇宙的真相，真

理是永远不可更改的，整日埋头于理论是找不到真理的。

你应当陶冶你的情操，把源源不断的爱与发自内心的深切同情作为圣洁之水，用它不断地浇灌自己的心田，而且让它免受任何与爱不和谐的想法与感受的污染。像圣者一般，以德报怨，用爱抚平恨，用温柔教化凶恶，用沉默应对无端攻击。这样你会把所有自私的欲望转化为纯金般的爱，自我也将在真理的面前消失得无影无踪。随后，你就能够卸下自私的枷锁，身披美德的神圣战衣，心平气和地生活在人群中，再也不会怨天尤人了。

心无定力，人无法前行

这个世界充满了寻求享乐、兴奋和新奇刺激的男女，只有很少一部分人致力于追求宁静、稳重与力量。

于是，真正有力量或具有影响力的男人和女人可谓寥寥无几，这是因为准备为获得力量而做出必要牺牲的人寥寥无几，愿意耐心培养自己品性的人也是寥若晨星。

被摇摆不定的想法和心血来潮的冲动所左右的人是软弱无力的。能够正确地控制及释放思想和力量的人才是真正强大和有力量的人。欲望强烈的人虽然凶猛，但这种凶猛并不是我们这里所说的力量。虽然已经具备了力量的元素，然而，只有当这种欲望被更高层次的智慧压倒时，才会转变为真正的力量。人只有觉醒达到更高的意识状态，才能够真正变得强大。

强者和弱者的区别并不在于外在表现（因为强者时常表现得沉默、呆板），而在于他们各自反映出的认知状态。

享乐的追求者、兴奋的热衷者、新奇刺激的爱好者，都缺乏平衡、稳定及控制力。

一个人力量增强的开始，就是在他反省冲动和自私的时候，能够用高层次的智慧和冷静的意识来进行自我控制，用精神原则来稳定自己的情绪。而这正是获得至高能量的秘诀。

在久久追寻、历经苦难和做出牺牲之后，精神原则的光芒将照亮人的内心世界，随之而来的是神

———— ∽∾∽ ————
被摇摆不定的想法和心血来潮的冲动所左右的人是软弱无力的。
———— ∽∾∽ ————

圣的平静和难以言喻的喜悦，沁人心脾。

已经意识到这一原则的人，将不再徘徊不定，反而能够泰然自若、保持沉着。他不再是"情绪的奴隶"，而是命运殿堂的建筑师。

被自我而不是被精神原支配的人，当他的自我利益受到威胁时，他就会改变自己的立场。他暗中图谋的就是想方设法维护一己之利，并且认为只要能够达到这一目的，

所有手段都是合法的。他不断策划只为保护自己的利益不受敌人侵害，变得太过于以自我为中心，以至于觉察不到自己才是自己的敌人。这样的人所做的事情，根本经不起考验，因为它脱离了真理和力量。只有以一种坚不可摧的正义和公道作为出发点，一个人所做的事情才能够经得起考验。

无论做什么都能立足于原则的人，在任何情况下，都能够无所畏惧，保持宁静安详、泰然自若。当考验来临，需要在个人享乐与真理之间做出抉择的时候，坚持原则的人总是能放弃自己舒适和稳定的外在条件，保持坚定的立场，甚至连严刑拷打和死亡都不能改变和阻止他做出这样的选择。追求自我的人会把自己物质财富及个人享乐方面的损失，或者生命受到威胁，视为自己生命中最大的灾难。坚持原则的人对这些打击毫不在意，觉得它们根本无法与品格和真理的损失相提并论。对他来讲，唯一可以称得上真正灾难的只有真理的匮乏。

关键时刻，才能显出谁是黑暗的奴役，谁是光明的引导者。当面临巨大灾难、毁灭性的打击及生命遇到威胁的危急时刻，谁是追逐私利的人，谁是坚持真理的人，人们雪亮的眼睛能将其毫不费力地分辨出来。

对一些人来说，在平日里坚持平和宁静、平等待人及充满爱心的原则，这是很容易的，只要能够让他的个人享乐不受影响；但是，如果他的个人享乐受到威胁，或者他认为自己的个人享乐将受到影响，那么他便很有可能诉诸武力。他

所表现出来的，便不是立足于平和宁静、平等待人及充满爱心的原则，而是根深蒂固、不易察觉的自私。

一个人在面临丧失个人所拥有的全部财物，甚至名誉和生命时，仍然不放弃自己的原则和信仰，那么他是真正拥有力量的人，是一个言行经受得住时间考验的人，是一个值得后世敬仰、尊敬和崇拜的人。不要让自己的内心成为一片缺乏神圣和爱的荒芜之地。

开启内在光明和智慧才能真正守持精神原则，除此之外，便无路可走了；并且，这些准则只能通过不断的实践和应用才能最终具化为现实。

博爱是精神原则的其中一种，需要你静静地、竭尽所能地思索，直到自己能全面透彻地理解它。你要让博爱的光芒指引你

无论做什么都能立足于原则的人，在任何情况下，都能够无所畏惧，保持宁静安详、泰然自若。

的习惯、行动、你与他人的交往，以及你每一个无意识的思想与愿望。在坚持这样做的过程中，博爱将越来越完美地呈现在你面前，相比之下，自身的缺点会愈加明显，这种明显的对比促使你不断努力。一旦你觉察到博爱无可比拟，你将不再在意自己的脆弱、自私和不完美，而是对那种永恒的原则孜孜以求，直到自己消除了每一个不和谐的元素，并与这种爱完美、和谐地融为一体。这种与广博的爱融为一体的内在和谐的状态，就代表着精神能量。如果你还愿意守持其他的精神原则，如纯洁的原则与同情的原则，并以同样的方式运用它们，那么你就会一直走在追求真理、净化心灵的路上，之后你就能够克制内心种种与纯洁及同情格格不入的冲动。

只有认识、理解并坚持这些原则，才能够获得精神能量，并且这种能量将通过你自身日益增加的公平、冷静、耐心的形式体现出来。

冷静被认为是一种优秀的自制力；耐心是一种很崇高

的修养；在纷繁复杂的社会中，保持克制也是一种力量的标志。随波逐流地生活是比较容易的，但这会让人走向迷茫，只有能超脱世俗、举止高洁的人才是真正伟大的人。

一些神秘主义者认为，绝对的冷静是能量之源，所谓的奇迹，也能依靠它被创造出来。的确，能够处变不惊，完美地控制自己的内在力量，随时能够平衡内在力量并加以正确引导的人才是真正伟大的人。

增长自我控制、耐心及平静方面的能力就是在增强自身的力量与能量，并且只能通过将自己的注意力集中在精神原则上面来得到增长。作为一个蹒跚学步的小孩，你在经过了许多积极行走的尝试，经历了无数次的失败后，才能最终获得成功。因此，为实现这一目标，你必须首先尝试独自"站立"：依据自己的判断，忠于自己的良心，追随自己的内心，抵御外界的各种诱惑……虽然会有一些人告诉你这么做是愚蠢的，依据自己的判断是错误的，你的认知出现了偏差；你的内心根本没有光明，只剩一片黑暗……

但是，请不要理睬他们。即便他们所说的是正确的，但是作为一个智慧的追随者，你也必须通过实践去检验真理，才能有那样的发现。因此，请勇敢地追随自己的内心。有自己的独立意识才能成为真正的人，否则，只能是一个毫无主见的奴隶。在这过程中，你可能会遇到很多挫折，遭受不少创伤，需要忍受很多痛苦，但请你坚定自己的信念，千万不要退却，相信胜利就在前方。寻找一块基石，即一个正确无误的精神原则，然后把它作为自己的立足点，稳稳地站在上面。因为脚下有了这块坚实的基础，所以你能够经得起任何自私自利的暴风雨的洗礼。

任何一种形式的自私自利都会让人耗散自己宝贵的能量，让人变得弱不禁风。在心灵成长的道路上，自私自利的人根本没有任何前途可言；而无私则能够让人达到崇高的精神境界，赋予人无穷的能量。无私的人将前途似锦、充满光明。随着你的精神生活日益充实，你会越来越坚持道德原则，你将变得像那些原则一样完美无缺，将能够品尝它们带来的甜蜜果实，实现内在精神的永恒不灭。

最伟大的智慧是博爱

无私广博的爱，深藏于每一个人的心中，尽管它时常会被一层坚不可摧的外表遮盖，但它神圣、纯洁无瑕的本性却永恒不变。它是人们心中的真理，它占据着至高无上的位置。世间万物都在发生改变并会最终走向消亡，而只有它是永恒不朽的。

为了追寻这种爱，为了理解和体验它，你必须靠着极大的毅力与勤奋，培养自己的耐心，保持坚定的信念，因为在让爱的神圣形象变得光彩夺目之前，你会有一段很漫长的旅程要走。

致力于追求并且实现这种神圣的爱的人，需要在耐心上经受严峻的考验，这是完全必要的。一个没有耐心的人，怎么能轻松得到真正的智慧和神圣的爱？在前进的过程中，你也许会不时地发现自己所做的一切似乎都是徒劳，全部的努力似乎都要付诸流水。你的心会不时地染上污点；或许当想象着经过一番努力，终于可以大功告成之时，却突然发现自己心目中神圣之爱的完美形象已经被彻底破坏了，而自己必须以过去的辛酸经历为鉴，一切从头开始。但对于坚定不移地追求神圣的爱的人来说，根本不存在所谓真正的失败。所有的失败都只是表面现象，并不真实。每一次挫折，每一次跌倒，都是一次学习的机会，一次经验的获得，奋斗者从中可以获得智慧，从而完成他的崇高目标。因此，我们应该意识到：

"如果将我们每一件羞愧的事踩在脚底下，

那么我们的罪恶足可以成为一架攀爬的梯子。"

它能让我们毫不迟疑地走向神圣的爱。通过失败，我们能认识到自己的很多不足，因而得到成长，以失败为垫脚石，我们能走向更高远的地方。

一旦你将失败、悲伤与苦难视为能够告诉自己哪儿是弱点、哪儿做错了、因为什么摔了跤的良师益友，你就会开始不断地观察自己，不断地自我反省。每一次跌倒，每一次疼痛，会告诉你应该从什么地方开始改进，你会在跌倒的地方重新站起来，你会明白自己需要消除心田的杂草，方可走进完美的境界。

在前进的途中，通过日复一日地克服着内心的自私自利，无私的爱便渐渐地展露在你眼前。当你的耐心和冷静

得到成长，当你不再为一些不顺心的事情而怒气冲冲或者大发脾气，更大的欲望与偏见也无法再支配你、奴役你，随后你将认识到自身内在的圣洁已经觉醒，你距离无私的爱将不再遥远，你可以达到一种十分平静的心境，你将成为不朽者。

> 每一次跌倒，每一次疼痛，会告诉你应该从什么地方开始改进。

神圣的爱之所以能与常人的爱区别开来，最主要的特点是：神圣的爱没有任何偏袒。常人的爱总是局限在一些特定的对象上，而排斥其他。当这些特定的对象消失后，抱着常人之爱的人随之便会陷入深切和巨大的悲哀之中。神圣的爱是关乎宇宙的博爱，不会执著于任何一个特定的部分，而是包罗万象。那些追求神圣之爱的人，能够渐渐地让他的常人之爱得以净化及拓展，直至将所有自私及不纯的因素都燃烧殆尽。到了这个时候，他的内心就不会再遭受任何痛苦。由于常人的爱是狭隘的，带有明显的局限性，而且时常与追逐私利掺和在一起，因此它会给人带来内心的痛苦。纯洁无瑕、毫不利己的爱在任何情况下都不会让付出了爱的人感到痛苦。尽管如此，常人之爱却是走向神圣之爱绝对必要的步骤。没有充满最深刻、最强烈的常人之爱的心灵，就还没有为升华到神圣之爱做好准备。只有经历了常人之爱和这种爱所带来的痛苦，人们才能追寻到神圣之爱并且实现它。

所有的常人之爱都是容易消亡的、不长久的，就像其所依附的有形体那样；但有一种爱是不朽的，这种爱并不拘泥于表面。

所有的常人之爱常被平常人容易产生的憎恨、恼怒抵消，但有一种爱却不认为这个世界存在任何敌对面。它是神圣的，一点也没有被追逐私利的自我玷污，它的光芒普照着整个世界。

常人之爱是神圣之爱的前奏，它使心灵更贴近现实。这种神圣之爱不存在痛苦且亘古不变。

众所周知，天下的母亲们用一腔爱心哺育着自己的孩子，假若幼小的孩子不幸夭折，这位母亲会被痛苦、悲伤的河流淹没。她因失去爱子而流泪，她会为此痛心疾首，因为只有这样，母亲们才会意识到那短暂即逝的欢乐，也才能更加接近永恒和永不磨灭的现实。

我们可以理解，兄弟、姐妹、丈夫、妻子将要忍受深深的痛苦，当他们被自己所钟爱的有形对象蹂躏时，他们同时会被忧郁笼罩。他们经历了这种磨难之后，便可能学会把自己内心的情感转向整个世界，并从中得到无限的满足。

就我们所知道的，骄傲自满者、野心勃勃者及自私自利者会遭遇失败、羞辱和不幸，会被这些所带来的痛苦的火焰灼烧。因为只有这样，他们才会静下心来，对人生中神秘莫测的事物进行反思；只有这样，他们的心灵才能变得柔软、得到净化，为接受真理做好准备。

当痛苦的刺贯穿人们的爱心时，当忧郁、孤独和被遗弃的阴云笼罩友谊与信任的灵魂时，人的那颗心就会转向之前被遮蔽的永恒的爱，并在它静静的平和中找到安息之地。无论永恒的爱碰到什么境况，它都不会被痛苦、忧郁和不幸裹缚住，也从来不会被遗弃在黑暗的角落。

荣耀、神圣的爱，只有在经受过悲伤洗礼后的心中才能得以显现；梦幻的天堂景象，只有当毫无生气、无形累积的无知与自私被清除之后，才能被感知和意识到。

只有那种不寻求任何个人满足及回报，不带任何偏见，不给任何人留下心痛的爱，才能称为神圣的爱。

那些依附于自我和享乐的人，整日生活在邪恶的阴影中的人，习惯了神圣的爱是属于遥不可及的圣人的思维的人，对他们

> 只有那种不寻求任何个人满足及回报，不带任何偏见，不给任何人留下心痛的爱，才能称为神圣的爱。

来说这种爱可望而不可即，他们觉得这不是自己的事，因此永远都会停留在自身之外。实际上，对追逐私利的自我来讲，宽广博大的爱永远都是可望而不可即的，但当心灵清空了自私时，无私的爱，这一至高无上的爱，便能够真正在人的内心实现。

这种神圣的爱的内在现实化，与人们经常挂在嘴边，却并不真正理解的耶稣之爱的现实化毫无二致。这种爱不仅能把人的心灵从罪恶的深渊拯救出来，而且也使人的心灵具有抵御各种诱惑的力量。

但有多少人能达到这一崇高的现实？真理会告诉你答案就是给予，并向你提出这样一个要求——"清空自身，

用爱来填满。"神圣的爱不能被感知直到自我消亡，因为自我是对这种爱的否定，出于自我而采取的行动又怎么能不是对这种爱的否定呢？将自我从灵魂中清除，就像不朽的耶稣一样，怀抱纯粹的爱的精神，哪怕被永久地钉在十字架上死去并埋葬，也能充满尊严地重生。

你可能相信《圣经》中的耶稣是先死亡而后又重生的。但是，如果你拒绝相信爱的精神被钉死在你私欲的黑色十字架上，我将会告诉你，你完全错了，不仅不能感知耶稣的爱，甚至只会越来越远离。

如果你说你在耶稣的爱中得到了救赎，那么你将自己从坏脾气、易怒、虚荣心、个人好恶、偏见和喜欢谴责别人的这些自我中解救出来了吗？如果没有，你如何能拯救自我，如何能意识到怎样向耶稣的爱转变？

能够意识到神圣的爱的人，就能成为一个全新的人，也将不再是为昔日追逐私利的自我所左右的人，而是作为一位富有耐心、品性纯洁、能够自我约束、慈善为怀、和蔼可亲的人被人们所熟知。

神圣或无私的爱，不仅是一种情操或感情，还是一种智慧状态。进入这种状态的人可以摧毁邪恶的统治和信念，使自己的灵魂变得高尚。在神圣的智者眼中，智慧与爱是不可分割的整体。

整个世界因为神圣的爱而得以发展和前进。也正是因为爱，宇宙才得以存在。对幸福的每一次把握，对理想蓝图的每一次勾画，都是为实现这种爱所做的努力。但现在世界上还有许多人没有认识与理解这种爱，因为他们忙于抓住物质而对这种爱视而不见。

因此，痛苦和悲伤持续不断，直到这个世界充满无私的爱和宁静、平和的智慧，人们才能够摆脱苦难与悲伤，才能够收获平静、幸福的人生。

所有乐意放弃追逐私利的自我的人，所有准备与涉及自我的一切决裂转而谦卑的人，都能够获得和实现这种爱、这种智慧、这种平静、这种宁静的心境。宇宙间根本没有独断专横的力量，而命运的锁链都是人们自己锻造的。人们之所以被苦难的锁链捆绑，是因为他们自己愿意如此，他们爱这个枷锁，他们认为自我的小小的空间是美丽的。他们害怕如果他们抛弃了那个自我，他们就会丧失真实而值得拥有的一切。

　　"你们遭受你们所遭受的，没有人能逼迫，
　就像没有人能左右你的生死一样。"

　　自我锻造了锁链，它是制造黑暗和狭窄监狱的内在力量，一旦内心有意愿打破锁链、拆毁监狱，它就能做到这一点。当灵魂发现它所住的监狱毫无价值的时候，当长期的苦难终于促使它准备接受无限的光明与关爱的时候，心灵确实愿意那么做。

如同影与形相随，如同火之后就是烟，因果不离，痛苦和幸福也跟人们的思想和行为永不脱离。我们所遭遇的一切，都有其隐藏的或显示的原因，而且那种原因与绝对正义相一致。有些人收获苦难，是因为他们在不久的或遥远的过去，已播种下罪恶的种子；有些人收获幸福，是由于自己播种了善良的种子。人们应该对此予以沉思，并且努力去理解因果定律，这么一来，在以后的人生道路上，就会开始只播种善良的种子，而且会将以前心灵花园里丛生的杂草全部烧掉。

　　世界上的芸芸众生之所以不明白无私的爱，是因为他们只专注于追求个人享乐，局限于转瞬即逝的利益，并且

错误地认为那些享乐与利益是真实和持久的东西。他们深陷欲望的泥潭，为一己之利受到损害而怒火中烧，因而看不到纯洁与美丽的真理。卑鄙的外壳和自欺的错误将他们关闭在了一切爱的大厦之外。

> 人们之所以被苦难的锁链捆绑，是因为他们自己愿意如此，他们爱这个枷锁，他们认为自我的小小的空间是美丽的。他们害怕如果他们抛弃了那个自我，他们就会丧失真实而值得拥有的一切。

因为没有这种爱，没有理解这种爱，所以人们开展了无数的变革，但却不包括内心的改变。每个人都认为他的变革能让世界走向正规，然而一旦革命专注于外在，他就变成了罪恶的宣扬者。只有那些旨在净化人的心灵的变革，才称得上真正的变革，因为人的心灵才是所有邪恶的策源地。人们只有走出自私与异见的误区，学好神圣的爱这一课，才能够实现人类世界的和平与幸福。

让富者不再鄙视贫者，让贫者不再谴责富者；让贪婪的人学会给予，让欲望无边者学会净化自我；让党派停止争斗，让不依不饶者学会宽容；让心存嫉妒者为他人的成功而真心欢呼，让造谣中伤者为他自己的行为羞愧。让这个世界上的男男女女都加入进来，黄金时代必将来临。因此，那些能够净化自我心灵的人，才是这个世界最伟大的人。

尽管这个世界真正进入黄金时代还需要很长的时间，但只要人们愿意摆脱追逐私利的自我，愿意消除偏见、仇恨，不再动辄谴责他人，而是温柔待人、宽以待人，那么人们现在就够在当下进入黄金时代。

世界上的芸芸众生之所以不明白无私的爱，是因为他们只专注于追求个人享乐，局限于转瞬即逝的利益，并且错误地认为那些享乐与利益是真实和持久的东西。

哪儿有憎恨、厌恶和谴责，哪儿就无法容忍无私的爱。无私的爱只能存在于停止一切谴责的内心。

你可能会说："我怎么能爱酒鬼、伪君子、狡诈者、凶手？我不得不厌恶和谴责这些人。"事实上，从情感上你不能爱这样的人，但是，当你说自己不喜欢他们并且必须谴责他们时，就表明你还没有真正理解伟大的博爱；因为通过内在的启示，这种状态是可能实现的。通过感知训练，你会对他们巨大的痛苦感同身受。有了这种了解，你就不会再因为自己不喜欢而谴责他们，你将永远心怀完美的冷静和深切的同情看待他们。

原本你爱着他人、用赞扬的口气谈论他人，你却在他们做了一些你不同意的事情之后，便开始厌恶他们，甚至对他们恶意中伤，那就是你还不具备真正的爱心。如果你心里一直都指责他人，这就意味着你并没有培养出无私的爱。

一个人若能够认识到爱是万事万物的核心，能够发掘爱的巨大力量，在他心中便不会再有谴责。

不能认识到这种爱的人，把自己视为他人的评判者及行刑者，忘记了宇宙间已存在永恒的评判者和行刑者——规律。有的人，只要别人偏离了他们的看法，他们就给别人贴上狂热者、不平衡者、缺乏知识者等诸多标签。有的人，处处把自己作为衡量他人的标准，把自己看成值得他人崇拜的人。这样的人总是以自我为中心。而心思集中在至高无上的爱的人，不会给他人贴上各种各样的标签，或者把他人一一归类，既不强求他人接受自己的观点，也不想方设法让他人认为自己做事的方法是最高明的。他能够认识到爱的定律，在生活中能够处处遵循这一定律，能够用平静的心情及温和的态度包容一切。总而言之，无论品质恶劣者或道德高尚者，智者或愚者，博学者或孤陋寡闻者，无私者或自私者，都能从他平静的思想中受到启迪。

你只有依靠长期的自律、不懈的努力，一次又一次地战胜自己，才能获取这种至高无上的知识和这种神圣的爱。当你的心被充分净化，你就能够重获新生，不会消亡、不会改变、不会带来痛苦与悲伤的爱才能够在你心中苏醒，你才能够生活在宁静、安详之中。

　　致力于培养神圣之爱的人，一直都在努力克服谴责他人的思想。因为哪儿有了纯洁的精神认知，谴责也就不存在了，只有在没有谴责的内心世界，爱才能得到完善和充分实现。基督教徒谴责无神论者，无神论者讽刺基督教徒；天主教徒与新教徒不停地从事冗长的舌战，原本应该由平静与关爱占据的心灵空间，却充斥着无休止的冲突和仇恨。

"仇视自己兄弟的人如同一名凶手"，持有这种见解，就是神圣的爱的精神的践踏者。当你出于公正的精神，以不带任何偏见、没有任何个人好恶的那种完美平等的态度，去对待各种各样的宗教信仰者及无宗教信仰者，你才能够在内心培养赋予人自由和救赎的爱。

> 当你的心被充分净化，你就能够重获新生，不会消亡、不会改变、不会带来痛苦与悲伤的爱才能够在你心中苏醒，你才能够生活在宁静、安详之中。

训练你的大脑，让它保存强大、公正及温和的思想；训练你的心，让它充满纯洁无私和仁爱；训练你的舌头，让它保持沉默和真实，不胡乱指责他人。这样你将能够走上神圣而平静的道路，并最终实现不朽的爱。因此，不要强迫别人转变信仰，你才有信服力；不与人争执，你才能为人师；不野心勃勃，自有伯乐发现你的存在；不要去打探别人的想法，你自会征服他们的心。因为爱是无坚不摧、无所不能的，而且爱的思想、行为及语言具有永恒的生命力。

要知道，爱是普遍存在、至高无上、无所不能的。它能让人脱离罪恶的束缚，摆脱内心的不安，让人心满意足、远离悲伤，拥有宁静与祥和。这就是平和，这就是喜悦，这就是不朽，这就是神圣，这就是无私的爱得到了实现。

懂得舍弃的人，才会得到更多

　　爱作为完美生活的体现，是这个世界上存在的桂冠，是认知的至高目标。

　　衡量一个人对真理掌握的程度，就是要检验这个人所具有的爱心。对于生活不是被爱支配的人来说，真理早已被他们拒之门外。那些不能给予宽容、经常指责别人的人，即使他宣称自己有最高的宗教信仰，也几乎没有掌握什么真理。而另外一些人能够不断地培养自己的耐心，平心静气地倾听所有人的意见与建议，周到、公正地处理一切问题，而且还能带动他人如此处理，才是真正掌握了真理。对智慧的最终考验就是：一个人如何生活？他所显现出来的精神状态是什么？他在压力及诱惑下采取何种行动？生活中有许多人夸耀自己掌握了真理，却不断被悲伤、失望的情绪所困扰，只是遇到小小的压力和诱惑，就经受不住考验。这样的人根本与真理绝缘。真理是不变的，一个真正坚持真理的人能够固守自己的美德，不被自己的个人情绪、情感和多变的性格左右。

有些人制定出一些经不起时间考验的教条，并呼吁人们把它们作为真理。真理是不能被制定的，它难以用言语形容，似乎永远在人们的智力能达到的范围之外。真理只能通过实践去体验，只能被显现为一颗纯洁的心和一种完美的人生。

那么，在学校、宗教和党派之中，是谁掌握了真理呢？是那些用真理指导自己的人生的人；是那些积极实践真理的人；是那些能够克服自私自利，摆脱喧嚣嘈杂，平和宁静地思考，平心静气地做事，时时克制自我的人。一个人若摆脱了一切冲突、偏见、谴责，心甘情愿地奉献出自身神圣、无私的爱，那么他就是当之无愧的真理的坚持者。

在所有情况下都能够保持耐心、冷静、温柔和宽容的人，就能够使真理得以体现。真理永远都无法靠口头上冗长的争论和博学的论文来加以证明。如果一个人不能在无限的耐心中、永恒的宽恕中、能够包罗万象的同情中感觉到真理的存在，那么任何言辞都无法把真理证明给他看。

对于爱激动的人来说，当他们独处或者当他们在一个比较安静的公共场所时，他们能够保持平静及耐心。这是一件容易的事情。同样，当受到别人温和以待时，那些铁石心肠的人变得温和、善良也是一件容易的事情，但要求他们在所有的情况下做到这一点，可就比较困难了。一个人倘若在最考验自己的关键时刻能够保持平静、温和与耐心，那么我们就可以说他坚持着一尘不染的真理。这是因为这种崇高的美德是属于圣者的，只有当你掌握了至高智慧，放弃了自己所有自私自利的品性，遵循至高无上、不可更改的定律，并让自己与它融为一体，你才能够具备这种美德。

因此，我们应该劝说人们停止对真理进行徒劳且无休止的争论，努力做到想的、说的和做的都能够显现出和谐、安宁、仁爱和友好。人们应该把高尚品德付诸实践，对真理孜孜以求，从所有的错误与罪过中释放自己的灵魂，摆脱一切黑暗与邪恶。

有一种伟大的、通用的定律，它是这个宇宙存在的基石和原因。这一定律，就是爱的定律。它在不同的国家和不同的时间有过许多的名字，但在这些不同的称谓之后，人们可以借助真理之眼，发现相同的定律。名字、宗教和个性都会消失，但爱的定律却会一直存在。如果能成为一个掌握这种定律的有关知识并且时时遵循它的人，那么就能够成为一位不朽者、一位不可战胜者。

因为在努力实现这一定律的过程中，要走不少弯路，遭受许多磨难，甚至体验死亡的痛苦。当实现了之后，人们就能走上

> 一个人若摆脱了一切冲突、偏见、谴责，心甘情愿地奉献出自身神圣、无私的爱，那么他就是当之无愧的真理的坚持者。

正确的人生道路，不再遭受痛苦，个性独立，摧毁肉体生与死的限制，意识到自己已与真理融为一体。

定律是绝对客观的，其最高表现就是为他人服务。当净化的心灵已经意识到真理，就会被召唤做出最后的、最伟大的、最神圣的牺牲，牺牲过后，理所应当的就是享受真理。正是凭借这种牺牲，一个人的灵魂被神圣地解放出来，能够乐于清贫，心甘情愿地做人类的公仆。圣者们能够表现出超出常人的谦逊，消除自身那些不纯洁的思想、培养美德已成为他们的一种生活。在他们的身上，永恒的、无限的爱的精神可以得到淋漓尽致的体现，他们每一个人单独拿出来，都值得后世给予充分的崇拜。只有以脱俗的谦卑来降低自我身份的人才会受到所有人的高度赞扬，在人类

心灵中占主导地位，这种谦卑不仅要牺牲自我，而且还要传播无私的爱的精神。

所有伟大的灵魂导师已经远离了个人的奢侈、舒适和回报，放弃了世俗的权力，言行都遵循无限的、客观的真理。比较他们的生活和信念，将会发现同样的简单，同样的自我牺牲，同样的谦卑。在他们的生活中，仁爱与平和都得到践行。他们宣扬，这个通用的永恒的原则，能实现摧毁一切邪恶的目的。那些被誉为和推崇为圣者的人也表明，他们唯一的目标就是通过在自己的思想、言语和行为中展现善良，提升全人类的思想觉悟。他们实际上充当了拯救被自我奴役的人类的模范人物。

谁沉溺于自我，谁就不能理解完全非主观的善良，否认其他宗派、只认为自己比他人神圣的人，只会给人们带来个人仇恨和理论上的争议，同时又会全力捍卫自己特定的观点，把与自己观点不一致的他人统统视为异教徒。对于他们的生活而言，无私的美好、人生的庄严与神圣、引导自己灵魂的主人，都是毫无意义的。真理不能被限制；不能成为任何人、任何学校或任何国家的特权。当自私被掺入时，真理也就丧失了。

圣人、贤哲和救世主具有同样的可贵之处，那就是他们具有最为深刻的谦逊、最崇高的无私并能牺牲一切，哪怕是自己的生命；他们所做的一切都是神圣的，经得起时间的考验。他们的心灵自始至终没有哪怕是一个污点。他们给予，却从不求回报；他们做事的时候，既不会为过去遗憾，也不会畅想未来，并且从不计较报酬。

当农民开垦和照料好土地，撒下种子时，他知道已做了所有他能做的，而现在他必须相信自然规律，耐心地等

待收获季节的到来。他的任何一个期望，都不会影响到将获得的结果。即使如此，意识到真理的人因为播种了善良、纯洁、关爱与平和的种子，即使没有任何过分的期望，也不强求自己到头来能够得到什么回报，他们知道有一种伟大的定律在起作用，收获会在适当的时间到来。

耶稣之所以能成为耶稣，佛陀之所以能成为佛陀，每一个神圣的人之所以能成为神圣的人，正是因为这种始终如一的自我牺牲。一旦认识到这一点，你也能通过坚持不懈的努力和充满活力的毅力来提升自己的品质，远大而光明的前景也将呈现在你面前。

圣人、贤哲完成了什么，你同样可以做到，如果你能够沿着他们指明的这条牺牲小我、忘我服务的道路走下去。

真理很简单，它告诉你："放弃自私""靠近我"（远离所有的污秽），"我将给予你休憩之地"。真理并不需要整日埋头于书本才能获得，不需要学习就能被感知。尽管

真理被各种形式的错误
伪装了起来，但它的美
丽、简单和清澈、透明
仍然是不变的。无私的心
能看见真理并沐浴在它闪

> 当农民开垦和照料好土地，撒下种子时，他知道已做了所有他能做的，而现在他必须相信自然规律，耐心地等待收获季节的到来。

亮的光芒中。一个人不必通过费力地学习复杂的理论，只需靠编织内心的纯洁之锦，建筑纯洁无瑕的人生殿堂，就可以认识真理。

　　一个人踏上高尚之路开始于懂得控制自己的情绪。这是一种美德，也是成为贤哲的开端，而贤哲则是成为圣者的开端。世俗之人只会想方设法去满足自己的所有欲望，根本不知道要约束欲望和控制情绪。品性高尚的人则善于控制自己的情绪。贤哲们攻击真理的敌人，在他们内心的堡垒中，会抑制所有自私与不纯的想法。圣人根本不受情绪影响，完全抛弃了一切自私和不纯洁的思想，对他们而言，善良与纯洁属于人的心灵，这就像气味与颜色属于花朵那样自然，那样天经地义。圣人有神圣的智慧，他自己完全了解真理，而且达到了永恒的宁静、安详的境界。罪恶已经消失，消失在了至善的宇宙之光中。

对于能够不断地与自私自利战斗，并且努力用兼爱来取代它的人来说，无论他是否住在别墅，或者财富、影响力如何，无论他是口头说教还是保持沉默，他都能够成为圣贤。

对于凡夫俗子来说，只要谁开始向往达到更高的精神境界，并为此付出努力，他的理想就能得以实现，这将是一个光荣和鼓舞人心的场面。在贤哲眼中，圣人只是静静地坐着，就克服了一切罪恶与悲伤，没有更多的遗憾与悔恨的折磨，不为任何诱惑所动，这是同样能让人感动万分的景象；在圣人眼里更荣耀的景象中，贤哲们积极地把自己的

聪明才智运用到拯救人类的
行为中，心里时常牵挂着人
类的疾苦，他们的伟大之举
让圣人也敬仰万分。

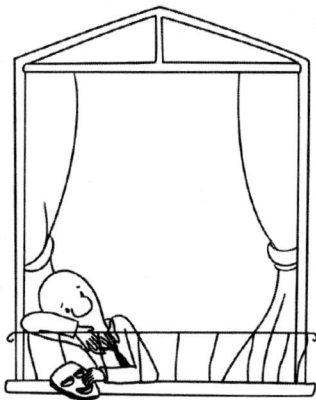

这是真正的服务——忘我地爱着所有的人，一心一意
地为人类无私奉献。白费力气和愚蠢的人，认为只要多做
就能拯救自己，总是把自己与错误拴在一起，总爱大声地
谈论着自己、自己的努力和已做出的许多牺牲，而且处处
刻意地显示自己的重要性。这样的人，即使蜚声世界，他
所做的一切努力最终将归于尘土，总是与永恒真理的王国
擦身而过。

为了一己之利而做的一切工作，既无力又经不住时间的考验。任何服务，无论多么微不足道，只要在没有自我利益、只有乐于牺牲的前提下提供，才是真正的服务、持久的服务。任何行为，无论表面上看起来多么辉煌，如果出于私利，那么它便从根本上违背了服务定律，因而会像过眼云烟一样，毫无价值可言。

要学习一个伟大而神圣的课程，那就是绝对无私。圣人、贤哲将所有的时间都用来完成这一课程，并指导自己的生活。世界上所有的经文都介绍了这一课程，所有伟大的老师都一再重申它。

> 对于能够不断地与自私自利战斗，并且努力用兼爱来取代它的人来说，无论他是否住在别墅，或者财富、影响力如何，无论他是口头说教还是保持沉默，他都能够成为圣贤。

纯净的心灵是一切宗教和哲学的开始。寻求这种正义，就意味着走上了真理与和平的道路。走上这条道路的人，不久之后就会意识到脱离了生死的局限，并且意识到对于巨大、神圣的宇宙来说，不管是多么微不足道的努力，都不会白费。